U0284887

Tasty Food
食在好吃

最受欢迎的
家常保健菜

甘智荣 主编

江苏凤凰科学技术出版社

图书在版编目（CIP）数据

最受欢迎的家常保健菜/甘智荣主编 . — 南京：
江苏凤凰科学技术出版社，2015.10（2020.3 重印）
（食在好吃系列）
ISBN 978-7-5537-5287-7

Ⅰ.①最… Ⅱ.①甘… Ⅲ.①家常菜肴 – 菜谱 Ⅳ.
① TS972.12

中国版本图书馆 CIP 数据核字 (2015) 第 201434 号

最受欢迎的家常保健菜

主　　　编	甘智荣	
责 任 编 辑	樊　明　　葛　昀	
责 任 监 制	方　晨	

出 版 发 行	江苏凤凰科学技术出版社
出版社地址	南京市湖南路 1 号 A 楼，邮编：210009
出版社网址	http://www.pspress.cn
印　　　刷	天津旭丰源印刷有限公司

开　　　本	718mm×1000mm　1/16
印　　　张	10
插　　　页	4
字　　　数	250 000
版　　　次	2015年10月第1版
印　　　次	2020年3月第2次印刷

标 准 书 号	ISBN 978-7-5537-5287-7
定　　　价	29.80元

图书如有印装质量问题，可随时向我社出版科调换。

前言 Preface

　　现代人的工作压力大，生活节奏快，身体素质大不如以前，为了省时方便，很多人一日三餐都会在外边吃，外边的食物油烟大、口味重，长此以往，非常不利于身体的健康。很多人年纪轻轻身体就出现了各种问题，我们要做的就是回归厨房，美味和健康也可以同时享。

　　很多人觉得做饭是件很麻烦的事情，其实只要你用对方法，家常美味也可以变得简单快捷，在饭后为自己沏上一本花草茶，或是打上一杯新鲜的果汁，你会有一种由衷的幸福感，这就是"家"带给你的味道。

　　人的身体就好像一部机器，机器总有出问题的时候，很多都市人对这些小问题视而不见，或者是看着医院大厅的排队长龙而选择忍耐，那就容易引发身体大的抗议。其实很多问题在初期是可以通过饮食来进行调节的，俗话说"药食同源"，家常菜不仅可以给你美味的享受，还能给你带来更多的健康。

　　据统计，80% 的都市人都无法做到按时吃饭，还有工作带来的各种应酬，长时间就会出现各种各样的胃部问题，本书的第一章就教你如何使用简单的家常美食来调节你的胃功能，即促消化、养肠胃的家常保健菜，无论是美味的菜品、浓郁的粥汤羹，还是醇香的花茶饮，都涵盖其中，翻开书本，就能找到适合你的美味。书中详细介绍了制作所需的材料、制作过程，还配有温馨小贴士，让你快速了解它的养生特性。即使你是不会做饭的新手，根据本书的指导，你也可以做出色香味俱全的美味来。

　　本书共分为六个章节，除了上述的第一章外，还有止咳喘、清肺热的保健菜，安心神、调气血的保健菜，降血压、护心脑的保健菜，祛热毒、强筋骨的保健菜，益肾气、化血淤的保健菜。你完全可以根据自己的需求来选择菜品，自己动手，给忙碌、枯燥的生活增加一份情趣，也给自己的身体带来一份健康。

目录 Contents

PART 1
促消化、养肠胃的保健菜

PART 2
止咳喘、清肺热的保健菜

PART 3
安心神、调气血的保健菜

PART 4
降血压、护心脑的保健菜

PART 5
祛热毒、强筋骨的保健菜

PART 6
益肾气、化血淤的保健菜

PART 1

促消化、养肠胃的
保健菜

清肺热、润肠胃

胡萝卜甘蔗马蹄

材料
胡萝卜、马蹄各 250 克，甘蔗 50 克，盐 4 克，香芹叶少许

做法
❶ 将胡萝卜洗净，去皮，切成厚片；马蹄去皮，洗净，切两半；甘蔗洗净，斩段后破成小块。

❷ 将胡萝卜、马蹄、甘蔗放入锅内，加水煮沸，小火炖 1～2 小时。

❸ 炖好后，加盐调味，装饰香芹叶即可。

猪肚莲子

材料
猪肚半个，莲子 40 粒，香油、盐各适量

做法
❶ 猪肚洗净，刮除残留在猪肚里的余油。

❷ 莲子用清水泡发，去除莲子心，装入猪肚内，用线将猪肚的口缝合。

❸ 猪肚入沸水中汆烫，至猪肚完全熟烂。

❹ 猪肚捞出、洗净，切成条，与莲子一起装入盘中，加香油、盐拌匀即可。

补中气、益脾胃

消食化积、清热解毒

生姜醋炖冬瓜

材料
生姜 5 克，冬瓜 90 克，蒲公英 15 克，醋少许

做法
❶ 冬瓜洗净，切块；生姜洗净，切片；蒲公英洗净备用。

❷ 将蒲公英加水先煎 15 分钟，取汁去渣；再将冬瓜、生姜一同放入砂锅。

❸ 加入醋和蒲公英汁，小火炖至冬瓜熟即可。

菊花黑木耳

材料

菊花、玫瑰花各 10 克，水发黑木耳 150 克，味精、盐、香油各适量

做法

❶ 水发黑木耳洗净摘去蒂，挤干水分，撕成小片，入开水中烫熟，捞起、沥干水分；菊花、玫瑰花洗净，撕成小片，焯烫。

❷ 味精、盐、香油一起调成调味汁，淋在黑木耳上，拌匀。

❸ 撒入菊花、玫瑰花即可。

润肠、通便

清热解毒、消肿止痛

蒜末炒马齿苋

材料

蒜 10 克，马齿苋 200 克，盐 2 克，味精 1 克，食用油适量

做法

❶ 马齿苋洗净；蒜洗净去皮，剁成末。

❷ 将马齿苋下入沸水中稍余后，捞出。

❸ 锅中加油烧热，下入蒜末爆香后，再下入马齿苋、盐、味精翻炒均匀即可。

胡椒煲猪肚

材料

胡椒 20 克，猪肚半个，盐、味精、生姜片、葱各适量

做法

❶ 猪肚洗净切条；葱洗净切成葱花。

❷ 锅中注水烧开，放入猪肚条煮至八成熟，捞出沥水。

❸ 锅中注入适量水，放入猪肚、胡椒、生姜片煲至猪肚熟烂，加入盐、味精，撒上葱花即可。

温脾胃、健脾气

甘草冰糖炖香蕉

材料

甘草、冰糖各适量，香蕉1根

做法

❶ 将甘草洗净。

❷ 取香蕉去皮，切段，放入盘中。

❸ 加冰糖、甘草适量，隔水蒸透。

小贴士

　　本品具有清热通便、滋阴润燥、润肠通便的功效，适合肠胃积热、阴虚型的便秘患者。香蕉具有清热、通便、解酒、降血压、抗癌之功效，其富含纤维素，可润肠通便，对于便秘、痔疮患者大有益处。香蕉还富含钾，能减少机体对钠盐的吸收，有降血压的作用；其所含的维生素 C 是天然的免疫强化剂，可抵抗多种感染性疾病。

无花果煎鸡肝

材料

鸡肝3副，无花果、砂糖、食用油各少许

做法

❶ 鸡肝洗净，入沸水中汆烫，捞起沥干。

❷ 将无花果洗净。

❸ 平底锅加热，入油，待热时加入鸡肝、无花果一同爆炒。

❹ 另起锅，加砂糖和适量水煮至溶化，待鸡肝熟透时盛起，淋上糖液调味。

小贴士

　　本品具有滋阴、健胃、增强免疫力的功效，适合胃癌患者，尤其适合胃热伤阴型的胃癌患者。无花果有健胃、润肠、利咽、防癌、滋阴、催乳的功效。口服无花果液，能提高细胞的活力，提高人体免疫功能，具有抗衰防老、减轻癌症患者化疗毒副作用的功效。

金针菇牛肉卷

材料

金针菇 250 克，牛肉 100 克，青椒、红椒各 10 克，食用油、日本烧烤汁、香芹叶各适量

做法

1 牛肉洗净，切成长薄片；青椒、红椒洗净，青椒切丝，红椒部分切丝其余切片；金针菇洗净。

2 将金针菇、青椒、红椒丝卷入牛肉片。

3 锅中注油烧热，放入牛肉卷煎熟，淋上日本烧烤汁，撒上红椒片和香芹叶即可。

小贴士

本品有健脾益胃、理气宽中的功效，适合肝胃不和、脾胃气虚型慢性胃炎患者。金针菇具有补肝、益胃、抗癌之功效，对肝胃不和、脾胃虚弱型慢性胃炎患者皆有很好的食疗作用，对肝病、胃肠道炎症、消化性溃疡、肿瘤等病症也有较好的辅助疗效。此外，金针菇含锌量较高，对预防男性前列腺疾病较有助益。

党参鳝鱼汤

材料

党参 20 克，鳝鱼 200 克，红枣 6 颗，佛手 5 克，盐 4 克，制大黄 5 克

做法

❶ 将鳝鱼宰杀，去内脏，洗净，切段。

❷ 党参、红枣、佛手洗净，备用。

❸ 把党参、红枣、佛手、制大黄、鳝鱼段放入锅中，加适量清水，大火煮沸后，转小火煮 1 小时，以盐调味即可。

小贴士

　　本品具有健脾益气、行气止痛的功效，适合胃炎患者食用。党参有健脾益气之效，佛手可行气止痛，对于气虚、气滞的胃炎患者较有助益。

枳实金针菇河粉

材料

枳实、厚朴各 10 克，金针菇 45 克，黄豆芽 5 克，胡萝卜 15 克，河粉 90 克，盐、素肉臊、高汤、青椒丝各适量

做法

❶ 枳实、厚朴洗净，加水煎取药汁备用。

❷ 胡萝卜洗净切丝；黄豆芽、金针菇洗净。

❸ 河粉、药汁、高汤入锅煮沸，加入金针菇、黄豆芽、胡萝卜、青椒丝煮熟，放入盐、素肉臊拌匀即可。

小贴士

　　本品可疏肝解郁、理气宽中，适合肝胃不和型的慢性胃炎患者食用。金针菇性寒，味甘、咸，具有补肝、益胃、抗癌的功效，尤其适宜习惯性便秘、大便干结者食用。

田螺墨鱼骨汤

材料

大田螺200克，墨鱼骨20克，猪瘦肉100克，浙贝母10克，蜂蜜适量

做法

❶ 墨鱼骨、浙贝母用清水洗净备用。

❷ 大田螺取肉洗净，猪瘦肉洗净切片，同放于砂锅中，注入清水500毫升，煮成浓汁。

❸ 然后将墨鱼骨和浙贝母加入浓汁中，再用小火煮至肉质熟烂，调入蜂蜜即可。

小贴士

墨鱼具有抑制胃酸分泌、收敛止血的功效，对消化性溃疡所致的出血有很好的食疗效果。此外，墨鱼还有补益精气、健脾利水、养血滋阴、美肤养颜的功效。

大白菜老鸭汤

材料

大白菜100克，老鸭肉200克，生姜、枸杞子各15克，盐、鸡精各2克

做法

❶ 老鸭洗净，切块，汆烫；大白菜洗净，切段；生姜洗净，切片；枸杞子洗净。

❷ 锅中注水，烧沸后放入老鸭肉、生姜片、枸杞子以小火炖1.5小时。

❸ 放入大白菜，大火炖30分钟后调入盐、鸡精即可食用。

小贴士

鸭肉具有养胃滋阴、清肺解热、大补虚劳、利水消肿之功效，适合肝胃郁热以及胃阴亏虚型的慢性胃炎患者食用。鸭肉还可用于治疗浮肿、小便不利等症。

苋菜肉片汤

材料

苋菜 200 克，猪瘦肉 100 克，生姜片 5 克，盐 2 克，味精 1 克，香油适量

做法

❶ 苋菜去掉黄叶，用清水洗干净；猪瘦肉用清水洗干净，切片备用。

❷ 锅中放水，烧开后下入猪瘦肉片，煮 10 分钟捞出备用。

❸ 将煮好的猪瘦肉片、苋菜、生姜片、盐、味精下入锅中，煮沸，最后淋入香油即可。

小贴士

本品具有清热利湿、凉血消肿、益气养血的功效，适合湿热下注型的痔疮患者食用。苋菜对牙齿和骨骼的生长也可起到一定的促进作用，并能维持正常的心肌活动，防止肌肉痉挛。

莲子补骨脂猪腰汤

材料

莲子、核桃仁各 40 克，补骨脂 50 克，猪腰 1 个，生姜适量，盐 3 克

做法

❶ 补骨脂、莲子、核桃仁分别洗净浸泡；生姜洗净，去皮切片。

❷ 猪腰剖开，除去白色筋膜，加盐揉洗干净。

❸ 将补骨脂、莲子、核桃仁、猪腰、生姜片放入砂锅中，注入清水，大火煲沸后转小火煲煮 2 小时。

❹ 加入盐调味即可。

小贴士

本品具有温补脾肾的功效，适合脾肾阳虚型的痔疮患者食用。猪腰具有补肾气、通膀胱、消积滞、止消渴的功效，它还可用于治疗肾虚腰痛、浮肿、耳鸣耳聋等病症。

素炒茼蒿

材料
茼蒿 200 克，蒜末 10 克，盐 3 克，鸡精 1 克，食用油适量

做法
❶ 将茼蒿洗净，切段。
❷ 油锅烧热，放入蒜末爆香，倒入茼蒿快速翻炒至熟。
❸ 最后调入盐和鸡精调味，出锅装盘即可。

小贴士
茼蒿具有开胃消食、宽中理气、养心安神的作用，适合肝郁气滞型消化性溃疡患者食用。茼蒿对胃脘胀痛、小便不利、便秘等症也有一定的食疗作用。

菠菜拌核桃仁

材料
菠菜 400 克，核桃仁 150 克，香油 15 毫升，盐 4 克，鸡精 1 克，蚝油适量

做法
❶ 将菠菜洗净，焯水，装盘待用；核桃仁洗净，入沸水锅中氽烫至熟，捞出，倒在菠菜上。
❷ 用香油、蚝油、盐和鸡精调成调味汁，淋在菠菜核桃仁上，搅拌均匀即可。

小贴士
菠菜具有促进肠道蠕动的作用，利于排便，对于便秘、痔疮、慢性胰腺炎、肛裂等病症有食疗作用，能促进人体生长发育，增强抗病能力，促进新陈代谢，延缓衰老。

冬瓜蛤蜊汤

材料

冬瓜50克,蛤蜊250克,生姜10克,盐2克,香油少许

做法

❶ 冬瓜洗净,去皮,切块;生姜洗净切片。

❷ 蛤蜊洗净,用淡盐水浸泡1小时后捞出,沥干水分备用;炒锅内加入开水,将冬瓜煮至熟烂。

❸ 放入蛤蜊、生姜片、盐,大火煮至蛤蜊开壳后,捞出泡沫即可。

小贴士

本品可滋阴润燥、养胃生津,适合胃阴亏虚型的慢性胃炎患者食用。冬瓜本身就含有丰富的水分,具有很好的润燥功效。

白扁豆莲子鸡汤

材料

白扁豆100克,莲子40粒,鸡腿300克,丹参、山楂、马齿苋各10克,盐3克,米酒5毫升

做法

❶ 鸡腿、莲子、白扁豆洗净,鸡腿切块备用;将丹参、山楂、马齿苋洗净,放入棉布袋中。

❷ 鸡腿、莲子、白扁豆、棉布袋入锅,加适量水,以大火煮沸,转小火续煮2小时。

❸ 取出棉布袋,加盐、米酒即可。

小贴士

本品可健脾化湿、清热利湿、活血化淤,适用于湿热下注型的慢性肠炎患者。白扁豆是化湿消暑、健脾止泻的药食两宜的佳品。

白及煮鲤鱼

材料

白及 15 克，鲤鱼 1 条，蒜 10 克，盐 3 克

做法

❶ 将鲤鱼去鳞、鳃及内脏，切成段，用清水洗净备用。

❷ 将蒜去皮，用清水洗净备用；白及洗净，备用。

❸ 锅洗净，置于火上，将鲤鱼与蒜、白及一起放入锅内，加入适量的清水一同煮汤，待鱼肉熟后，调入盐即可食用。

小贴士

　　本品具有利水消肿、收敛止血的功效，适合痔疮出血、胃出血等患者食用。鲤鱼中含有钾、钙、蛋白质、维生素等多种营养物质，是日常养生的佳品。

薏米冬瓜老鸭汤

材料

薏米、赤小豆各 30 克，冬瓜 200 克，老鸭 750 克，生姜 2 片，盐 3 克

做法

❶ 冬瓜洗净，切块；薏米、赤小豆浸泡。

❷ 老鸭洗净，飞水；炒锅中下入生姜片，将老鸭爆炒 5 分钟。

❸ 瓦锅内加适量水，煮沸后加入冬瓜、薏米、赤小豆、老鸭，大火烧开，改小火煲 3 小时，加盐调味。

小贴士

　　本品具有清热利湿、健脾养胃的功效，适合慢性肠炎患者食用。冬瓜有清热利水的功效，老鸭滋补作用强，搭配食用效果极佳。

木瓜银耳猪骨汤

材料

木瓜 100 克，银耳 10 克，猪骨 150 克，盐 3 克，香油 4 毫升

做法

❶ 木瓜去皮，洗净切块；银耳洗净，泡发撕片；猪骨洗净，斩块。

❷ 热锅入水烧开，下入猪骨，余尽血水，捞出洗净。

❸ 将猪骨、木瓜放入瓦锅中，注入水，大火烧开后下入银耳，改用小火炖煮 2 小时，加盐、香油调味即可。

小贴士

本品可滋阴生津、舒筋解痉，适合胃阴亏虚型的慢性胃炎患者食用。木瓜性平味甘，可以舒缓胃肠痉挛，成熟的木瓜还具有健脾益胃的功效。

山药肉片蛤蜊汤

材料

蛤蜊 120 克，山药 25 克，猪瘦肉 30 克，丹参 10 克，盐、葱末、红椒末、香油各适量

做法

❶ 将蛤蜊洗净；山药去皮，洗净，切片；猪瘦肉洗净，切片备用；丹参洗净备用。

❷ 净锅上火倒入水，调入盐，下入猪瘦肉片烧开，捞去浮沫，下入山药、丹参煮 8 分钟。

❸ 下入蛤蜊煲至熟，最后撒入红椒末、葱末，淋入香油即可。

小贴士

本品可益气健脾、滋阴益胃，适合脾胃气虚、胃阴亏虚型的慢性胃炎患者食用。蛤蜊具有消肿散结、滋阴的作用，其富含的铁质可以预防贫血；其富含的牛磺酸成分，还能消除血液中过多的胆固醇，防止动脉硬化。

沙参百合红枣汤

材料

沙参 20 克，新鲜百合 30 克，红枣 6 颗，藕节 15 克，冰糖适量

做法

❶ 百合洗净；沙参、藕节、红枣分别洗净，红枣泡发 1 小时。

❷ 沙参、藕节、红枣盛入锅中，加适量水，煮约 20 分钟，至汤汁变稠。

❸ 加入百合续煮 5 分钟，待汤味醇香时，加冰糖煮至溶化即可。

小贴士

　　本品具有养胃生津、滋阴润燥的功效，适合胃阴亏虚型的慢性胃炎患者。百合具有滋阴除烦、清心润肺、宁心安神、促进血液循环等功效，用百合熬汤食用，无论是保健还是辅助治疗疾病，对人体都大有裨益。

鲫鱼生姜汤

材料

鲫鱼 1 条，生姜 30 克，枸杞子、盐、小豆苗各适量

做法

❶ 将鲫鱼处理干净，切花刀。

❷ 生姜去皮洗净，切片备用。

❸ 净锅上火倒入水，下入鲫鱼、生姜片、枸杞子，以大火烧开。

❹ 转小火炖 1 小时，调入盐煲至熟，装饰小豆苗即可。

小贴士

　　本品具有温胃散寒、健脾祛湿的功效，适合脾胃虚寒、脾虚湿盛型的胃及十二指肠溃疡患者食用。鲫鱼中所含的蛋白质都是优质蛋白质，氨基酸的种类也比较全面，更加易于人体消化吸收。

豆蔻山药炖乌鸡

材料
肉豆蔻、草豆蔻、干山药各10克，乌鸡500克，葱段、生姜片、盐、味精各适量

做法
1 乌鸡洗净，除去内脏，斩块；肉豆蔻、草豆蔻、山药分别洗净，备用。
2 将肉豆蔻、草豆蔻、山药、葱段、生姜片、乌鸡一起放入砂锅内，加入清水炖至鸡肉熟烂。
3 加适量盐、味精即可。

小贴士
　　本品具有温补脾阳、固涩止泻的功效，适合脾肾阳虚型的慢性肠炎患者食用。山药有助于胃肠的消化吸收，乌鸡具有较好的滋补作用，搭配起来食疗效果更显著。

韭菜花烧猪血

材料
韭菜花100克，猪血150克，高汤200毫升，盐3克，味精1克，红椒1个，食用油15毫升

做法
1 猪血洗净切块；韭菜花洗净切段；红椒洗净切块。
2 锅中加水烧开，放入猪血汆烫，捞出沥水。
3 另起锅加油烧热，爆香红椒，加入猪血、高汤及盐、味精煮至入味，再加入韭菜花煮熟即可。

小贴士
　　本品具有温补脾肾的功效，适合脾肾阳虚型的痔疮患者食用。韭菜花中含有丰富的膳食纤维，可以促进肠道的蠕动，强化脾胃功能。

山药白术羊肚汤

材料

干山药、白术各10克，羊肚250克，红枣6颗，枸杞子15克，盐3克，鸡精1克

做法

❶ 羊肚洗净，切成块，汆烫；山药洗净备用；白术洗净，切成段；红枣、枸杞子洗净，浸泡。

❷ 锅中加水烧开，放入羊肚、山药、白术、红枣、枸杞子，加盖炖煮。

❸ 炖2小时后，调入盐和鸡精即可。

小贴士

　　本品具有温补脾胃、健脾益气的功效，适合脾胃阳虚型的慢性胃炎患者食用。羊肚营养价值丰富，还具有温阳、健脾、和胃等功效。

藕汁郁李仁蒸蛋

材料

藕汁、香油各适量，郁李仁8克，鸡蛋1个，盐3克

做法

❶ 将郁李仁用清水洗净，然后把郁李仁与藕汁调匀。

❷ 鸡蛋打入碗中，加少许水和盐，均匀打散，加入郁李仁、藕汁混合调匀。

❸ 入蒸锅蒸熟，取出，淋上少许香油即可。

小贴士

　　本品具有凉血解毒、润肠通便的功效，适合痔疮、便秘患者食用。藕汁的营养价值极高，有清热除烦、凉血止血、散淤的功效。

白芍山药鸡汤

材料
白芍 10 克，山药、莲子各 50 克，鸡肉 40 克，枸杞子 5 克，盐适量

做法
1. 山药去皮，切块状；莲子洗净，与山药一起放入热水中稍煮，备用；白芍及枸杞子洗净。
2. 鸡肉洗净，入沸水中汆去血水。
3. 锅中加适量水，放入山药、白芍、莲子、鸡肉，大火煮沸，转中火煮至鸡肉熟烂，加入枸杞子，调入盐即可食用。

小贴士
　　本品可疏肝解郁、理气止痛，适合肝郁气滞型消化性溃疡患者食用。山药具有健脾、补肺、固肾、益精等药用功效，对肺虚咳嗽、脾虚泄泻等症，都有一定的辅助治疗作用。

四神猪肚汤

材料
水发莲子 50 克，山药 30 克，芡实 20 克，薏米 15 克，猪肚 200 克，葱花少许，盐 3 克

做法
1. 将猪肚洗净、切块、汆烫；山药去皮、洗净、切片。
2. 水发莲子、芡实、薏米洗净浸泡备用。
3. 净锅上火倒入水，下入猪肚、山药、水发莲子、芡实、薏米，先用大火烧开，再转小火煲 1 小时，至全熟。
4. 调入盐调味，撒上葱花即可。

小贴士
　　本品具有健脾化湿、固肾止泻的功效，适合脾胃气虚、脾虚湿盛、脾虚腹泻的慢性肠炎患者食用。

芡实莲子薏米汤

材料

芡实、干品莲子、薏米各 100 克，茯苓及干山药各 50 克，猪小肠 500 克，肉豆蔻 10 克，盐 3 克

做法

❶ 将猪小肠洗净，入沸水中汆烫，捞出，剪成小段。

❷ 芡实、茯苓、山药、莲子、薏米、肉豆蔻洗净，与猪小肠一起放入锅中，加水以大火煮沸，转小火炖煮 30 分钟，

❸ 加入盐调味即可。

小贴士

　　本品可温补脾阳、健脾祛湿，适合脾肾阳虚、脾胃气虚型的慢性肠炎患者食用。

黄精黑豆塘虱汤

材料

黄精 50 克，黑豆 200 克，塘虱鱼 1 条，陈皮 5 克，盐 3 克

做法

❶ 黑豆放入锅中，不必加油，炒至豆衣裂开，用水洗净，晾干水。

❷ 塘虱鱼洗净，去头，去内脏；黄精、陈皮分别用水洗净。

❸ 锅中加入适量水，大火煲至水开，加入黑豆、黄精、陈皮、塘虱鱼，转中火煲至豆软熟，加入盐调味即可。

小贴士

　　本品可养阴润燥、滋补肝肾，适合肝肾阴虚型的痔疮患者食用。黑豆内含丰富的蛋白质、多种矿物质，有滋补肝肾、健脾养血的功效。

菟丝子煲鹌鹑蛋

材料

菟丝子、枸杞子各 12 克，熟鹌鹑蛋 200 克，红枣 5 颗，盐适量

做法

❶ 菟丝子洗净，装入小布袋中，绑紧袋口；红枣及枸杞子均洗净。

❷ 将红枣、枸杞子及布袋放入锅内，加入适量水，再加入鹌鹑蛋煮开。

❸ 改小火继续煮约 30 分钟，最后加入盐调味即可。

小贴士

菟丝子具有补益肝肾、健脾止泻、固精缩尿、安胎、明目的功效，适合肝肾不足型的胃癌患者食用。菟丝子还可用于腰膝酸软、肾虚胎漏、胎动不安、五更泻等症的治疗。

金针菇鱼头汤

材料

金针菇 150 克，鱼头 1 个，盐、生姜、葱、红椒片各 3 克，高汤 1000 毫升，鸡精 1 克

做法

❶ 鱼头洗净去鳃，对切；金针菇洗净，切去根部；葱洗净切成葱花；生姜洗净切片。

❷ 鱼头、生姜片入油锅，高油温煎至金黄。

❸ 另起锅下入高汤，加入鱼头、金针菇，煮至汤汁变成奶白色时，加入盐、鸡精稍煮，最后放入红椒片、葱花即可。

小贴士

金针菇具有补肝、益胃的功效，对便秘、胃肠道炎症、消化性溃疡、肿瘤、肝病等病症有食疗作用。鱼头肉质细嫩、营养丰富，熬汤饮用，食疗效果极佳。

四神沙参猪肚汤

材料

猪肚半个，芡实、茯苓、薏米各100克，盐少许，沙参25克，莲子、山药各200克

做法

❶ 猪肚洗净汆烫，切成大块；芡实、薏米淘洗干净，用清水浸泡1小时，沥干；山药削皮、洗净、切块；莲子、沙参冲净。

❷ 将除莲子和山药外的药材和猪肚放入锅中，加水煮沸后转小火炖30分钟，加入莲子和山药，续炖30分钟，加盐调味即可。

小贴士

　　猪肚有补虚损、健脾胃的功效，对脾胃气虚型胃炎、消化性溃疡以及内脏下垂、脾虚腹泻、虚劳瘦弱、消渴、小儿疳积、尿频或遗尿等症都有很好的食疗作用。

葛根红枣猪骨汤

材料

葛根、红枣各适量，猪骨200克，盐3克，生姜片少许

做法

❶ 葛根洗净，切成块；红枣洗净，泡发；猪骨洗净，斩块，汆去血水。

❷ 将葛根、红枣、猪骨、生姜片放入炖盅，注入清水，大火烧沸后改小火炖煮2.5小时，加盐调味即可。

小贴士

　　葛根具有解痉舒筋、除烦止渴、透疹止泻等功效，适合胃痉挛、胃痛患者食用。临床还常用于辅助治疗烦热消渴、泄泻、痢疾、小腿痉挛等症。

老黄瓜炖泥鳅

材料
老黄瓜 50 克，泥鳅 200 克，盐 3 克，酱油 15 毫升，醋 10 毫升，香菜、食用油各少许

做法
❶ 泥鳅处理干净，切段；老黄瓜洗净，去皮、瓤，切块；香菜洗净。

❷ 锅内注油烧热，放入泥鳅翻炒至变色，注入适量水，并放入老黄瓜焖煮。

❸ 煮至熟后，加入盐、醋、酱油调味，撒上香菜即可。

小贴士
本品具有活血通络、凉血解毒的功效，适合淤毒内阻型的痔疮患者食用。泥鳅肉质细嫩，营养丰富，属高蛋白、低脂肪食物。多吃些泥鳅，可以缓解食欲减退、口渴等现象，有利于身体健康。

薏米山药煲瘦肉

材料
薏米、山药各适量，猪瘦肉 400 克，枸杞子、蜜枣各 20 克，盐 5 克

做法
❶ 猪瘦肉洗净，切块；薏米、枸杞子洗净，浸泡；山药洗净，去皮，切薄片；蜜枣洗净去核。

❷ 猪瘦肉氽去血水，捞出洗净。

❸ 将猪瘦肉、薏米、蜜枣放入锅中，加入清水，大火烧沸后以小火炖 2 小时，放入山药、枸杞子稍炖，加入盐调味即可。

小贴士
本品具有健脾化湿、补脾益胃的功效，适合脾虚湿盛型的胃下垂患者。薏米可健脾益胃、清热渗湿、排脓止泻，对脾虚腹泻的患者也有很好的食疗作用。

人参莲子汤

材料

人参片 10 克，莲子 40 克，山药 50 克，冰糖 10 克，红枣 3 颗

做法

❶ 红枣洗净、去核，再用水泡发 30 分钟；莲子洗净，泡发；山药去皮，切片备用。

❷ 莲子、红枣、山药片、人参片放入炖盅，加水至盖满材料（约 10 分钟），移入蒸笼内，转中火蒸煮 1 小时。

❸ 随后加入冰糖续蒸 20 分钟，即可食用。

小贴士

本品具有健脾和胃的功效，适合中气下陷的胃下垂患者。莲子具有健脾补胃、涩肠止泻、安神助眠、固精止遗的作用，尤其适合中气下陷的胃下垂患者食用。

沙参老鸭煲

材料

沙参 10 克，老鸭 500 克，盐 5 克，生姜 5 片，葱花、枸杞子各适量

做法

❶ 老鸭洗净，斩块，氽烫；沙参洗净备用。

❷ 净锅上火，倒入适量清水，下入老鸭、沙参、生姜片煲至熟，加盐调味，放入枸杞子，撒上葱花即可。

小贴士

本品具有益胃生津、滋阴清热的功效，适合胃热伤阴型的胃癌患者。鸭肉具有滋阴养胃、清热、利水消肿之功效，因此适合胃热伤阴型的胃癌患者食用。鸭肉还可以用于治疗咳嗽痰少、咽喉干燥、阴虚阳亢之头晕头痛、浮肿、小便不利等症。

小米粥

材料

小米 60 克，干玉米碎粒 25 克，糯米 25 克，砂糖少许

做法

1. 将小米、干玉米碎粒、糯米分别用清水洗净，备用。
2. 洗后的原材料放入电饭锅内，加清水后开始煲粥。
3. 煲至粥黏稠时加入砂糖调味，倒出盛入碗内即可。

小贴士

本品具有健脾养胃、益气止泻的功效，适合脾胃气虚型的慢性胃炎患者食用。小米有健脾和胃、补益虚损等功效；糯米可健脾止泻。

茯苓粥

材料

茯苓 10 克，大米 70 克，薏米 20 克，红枣 3 颗，砂糖 3 克

做法

1. 大米、薏米均泡发洗净；茯苓、红枣洗净，备用。
2. 锅置火上，倒入清水，放入大米、薏米、茯苓、红枣，以大火煮开。
3. 待煮至浓稠状时，调入砂糖拌匀即可。

小贴士

本品具有清热利湿、健脾止泻的功效，适合湿热下注型的慢性肠炎患者食用。茯苓具有渗湿利水、健脾和胃、宁心安神的功效，可用于治疗小便不利、浮肿胀满等症。

人参蜂蜜粥

材料
人参 8 克，蜂蜜 50 毫升，韭菜末 5 克，大米 100 克，生姜 2 片

做法
❶ 将人参置清水中浸泡 1 夜。
❷ 将泡好的人参连同泡参水，与洗净的大米一起放入砂锅中，以小火煨粥。
❸ 待粥将熟时放入蜂蜜、生姜片、韭菜末调匀，再煮片刻即成。

小贴士
　　蜂蜜有调补脾胃、缓急止痛、润肺止咳、润肠通便、润肤生肌、解毒的功效，对脘腹急痛、肺燥咳嗽、肠燥便秘、口疮、溃疡不敛、水火烫伤、手足皲裂等症都有很好的疗效。

炮姜薏米粥

材料
炮姜 6 克，薏米 30 克，艾叶 10 克，大米 50 克，红糖少许

做法
❶ 将艾叶洗净，与炮姜加水煎取药汁；薏米、大米洗净备用。
❷ 将薏米、大米放入锅中，加水煮至八成熟，加入药汁同煮至熟。
❸ 加入红糖调匀即可。

小贴士
　　薏米有清热排脓、健脾祛湿等良好的功效。炮姜有温中散寒、温经止血的功效，可用于治疗中焦虚寒所致的腹痛、腹泻等症。

杨桃柳橙汁

材料

杨桃 2 个，柳橙 1 个，柠檬汁、蜂蜜各少许

做法

❶ 将杨桃洗净，切块，放入锅中，加水煮开后转小火熬煮 4 分钟，放凉；柳橙洗净，切块，备用。

❷ 将杨桃倒入榨汁机，加入柳橙和柠檬汁、蜂蜜一起搅打成汁即可。

小贴士

　　本品具有清热泻火、养胃生津的功效，适合肝胃郁热、胃阴亏虚型的慢性胃炎患者。杨桃具有清热、生津、止咳、利水、解酒等功效，可提高胃液的酸度，促进食物的消化，对胃酸分泌过少引起的慢性胃炎有较好的食疗作用。

红豆燕麦粥

材料

红豆 30 克，燕麦片 20 克，大米 70 克，砂糖 4 克

做法

❶ 大米、红豆均泡发洗净。

❷ 锅置火上，倒入适量清水，放入大米、红豆煮开。

❸ 加入燕麦片同煮至浓稠状，调入砂糖拌匀即可。

小贴士

　　本品具有健脾养胃、补益气血的功效，适合脾胃虚弱的慢性胃炎患者。红豆具有补益气血、滋补强壮、健脾养胃等功效，也可用来治疗慢性肠炎以及气血虚弱等病症。燕麦还能增进食欲，促进胃肠蠕动。

黄连白头翁粥

材料

黄连 10 克，白头翁 10 克，大米 30 克

做法

① 将黄连、白头翁洗净，入砂锅，水煎，去渣取汁；大米洗净。

② 另起锅，加清水 400 毫升，加入大米煮至米开花。

③ 加入药汁，煮成粥即可。

小贴士

本品具有清热、利湿、止泻的功效，适合湿热下注型的慢性肠炎患者食用。黄连、白头翁均有清利湿热之效，对湿热下痢也有一定的疗效。

百合大米粥

材料

鲜百合、大米各 50 克，麦芽糖 20 克

做法

① 大米洗净，泡发备用；鲜百合洗净备用。

② 将泡发的大米倒入砂锅内，加水适量，用大火烧沸后，改小火煮 40 分钟。

③ 至煮稠时，加入百合片稍煮片刻，在起锅前，加入麦芽糖即可。

小贴士

本品具有滋阴润燥、益胃生津的功效，适合胃阴亏虚型的胃炎患者食用。百合有滋阴生津的功效，与大米放在一起熬粥食用，则有健脾的效果，长期食用对人体大有裨益。

麦门冬石斛粥

材料
麦门冬、石斛各 10 克,西洋参、枸杞子各 5 克,大米 70 克,冰糖适量

做法
1. 西洋参磨成粉末状;麦门冬、石斛分别洗净,放入棉布袋中包起;枸杞子泡软。
2. 大米洗净,和水 800 毫升、枸杞子、药材包一起放入锅中,熬煮成粥。
3. 再加入西洋参粉、冰糖,煮至冰糖溶化后即可。

小贴士
　　麦门冬具有养阴生津、润肺清心的功效,可用于治疗肠燥便秘,还可用于治疗肺燥干咳、虚劳咳嗽、津伤口渴、心烦失眠、内热消渴、白喉、咽干口燥等症。

白扁豆粥

材料
白扁豆 30 克,大米 200 克,干山药 10 克,盐 5 克

做法
1. 将白扁豆、大米、干山药洗净。
2. 将白扁豆、干山药加水先煲 30 分钟,再加入大米和适量水煲至粥成。
3. 调入盐,盛入碗中即可。

小贴士
　　本品具有健胃补虚、健脾化湿的功效,适合脾胃气虚型的慢性胃炎患者食用。白扁豆富含膳食纤维,因此也是便秘患者的理想食品。

桑葚杨桃汁

材料

桑葚 80 克，杨桃、青梅各 30 克，冰块适量

做法

1. 将桑葚洗净；青梅洗净，去皮。
2. 杨桃洗净后切块。
3. 将桑葚、青梅、杨桃、凉开水放入果汁机中搅打成汁，加入冰块即可。

小贴士

本品具有滋阴润燥、养胃生津的功效，适合胃阴亏虚型的慢性胃炎患者。青梅具有生津止渴、和胃消食的功效，尤其适合胃阴亏虚的慢性胃炎患者食用。青梅含大量的维生素 C，能增强毛细血管的通透性，还有降血脂、抗氧化的功效。

胡萝卜山竹汁

材料

胡萝卜 50 克，山竹 2 个，柠檬 1 个，水适量

做法

1. 将胡萝卜洗净，去掉皮，切成薄片；将山竹洗净，去掉皮；柠檬洗净，切成小片。
2. 将准备好的材料放入搅拌机，加水搅打成汁即可。

小贴士

山竹具有滋阴润燥、清凉解热的作用，适合胃肠积热以及阴虚型便秘的患者食用。体质偏寒者宜少吃，山竹富含蛋白质和脂肪，对于皮肤不太好、营养不良的人有很好的食疗效果，饭后食用还能帮助分解食物中的脂肪，有助于消化。

黄柏黄连生地黄饮

材料

黄柏 8 克，黄连 7 克，生地黄 8 克，蜂蜜适量

做法

❶ 将黄柏、黄连、生地黄洗净，备用。

❷ 将洗好的黄柏、黄连、生地黄放入杯中，以开水冲泡，加盖闷 10 分钟。

❸ 加入蜂蜜调味即可。

小贴士

　　本品具有清热利湿、凉血解毒的功效，适合湿热下注型的痔疮患者饮用。黄柏对肠炎也具有很好的辅助治疗效果，还有利胆作用，能促进胆汁和胰液分泌。黄连味苦性寒，可以根据个人的实际情况，减少黄连的用量。

丹参赤芍饮

材料

丹参 5 克，赤芍 3 克，天麻 4 克，钩藤 5 克，何首乌 5 克

做法

❶ 将丹参、天麻、钩藤、赤芍、何首乌先用消毒纱布包起来。

❷ 再把做好的药包放入装有 500 毫升沸水的茶杯内。

❸ 盖好茶杯，约 10 分钟后即可饮用。

小贴士

　　本品具有活血化淤、凉血解毒的功效，适合淤毒内阻型的痔疮患者饮用。在冲泡时也可根据个人爱好加入蜂蜜或冰糖。

半夏厚朴茶

材料
半夏 5 克，厚朴 4 克，冰糖适量

做法
1. 将半夏和厚朴分别洗净。
2. 砂锅内加水适量，下入半夏和厚朴熬煮成药汁即可饮用。
3. 可根据个人口味适当添加冰糖调味。

小贴士
本品具有温中下气、燥湿化痰的功效，适合痰湿中阻型的胃癌患者。厚朴具有温中下气、燥湿化痰的功效，主治胸腹痞满、胸腹胀痛、反胃、呕吐、宿食不消、痰饮喘咳、寒湿泻痢，对痰湿中阻的胃癌患者大有益处；常与苍术、陈皮等配合用于湿困脾胃、脘腹胀满等症。

栀子菊花茶

材料
栀子、菊花、枸杞子各 3 克

做法
1. 将枸杞子、栀子、菊花洗净备用。
2. 将枸杞子、栀子与菊花同时加入杯中，加沸水冲泡，盖上杯盖。
3. 待 10 分钟后即可饮用。

小贴士
本品具有清热泻火、平肝疏风的功效，适合肝胃郁热型的慢性胃炎患者。栀子具有泻火除烦、清热利湿、凉血解毒等功效，尤其适合肝胃郁热型慢性胃炎患者食用。常用于治疗热病虚烦不眠、胃热呕吐、黄疸、淋症、消渴、目赤、咽痛、吐血、衄血、血痢、尿血、热毒疮疡、扭伤肿痛等病症。

玫瑰香附疏肝茶

材料

玫瑰花3克，香附5克，冰糖适量

做法

❶ 玫瑰花洗净，沥干。

❷ 香附以清水冲净，加适量水熬煮约5分钟，滤渣，取汁。

❸ 将备好的药汁再煮热时，置入玫瑰花，加入冰糖搅拌均匀，待冰糖全部溶化后，再次搅拌均匀即可。喜欢口味清淡者可以不加糖。

小贴士

本品具有疏肝理气的功效，适合肝气郁结的肝胆疾病患者。玫瑰花具有疏肝和胃、理气解郁、和血散淤的功效，很适合肝胆疾病患者饮用。

三味温胃茶

材料

吴茱萸15克，桂枝10克，葱白（连须）14克，冰糖适量

做法

❶ 将吴茱萸、桂枝、葱白分别用清水洗净，备用。

❷ 将葱白、吴茱萸、桂枝一起放入杯中，冲入适量沸水，泡约15分钟，去渣，加冰糖即可。

小贴士

本品具有温胃散寒的功效，适合寒邪客胃或脾胃阳虚的胃炎患者。吴茱萸具有温中散寒、和胃止痛的功效，对脾胃虚寒的胃炎患者有较好的辅助治疗作用。

菠萝柠檬汁

材料

菠萝 150 克，柠檬半个，腌渍樱桃 1 粒，蜂蜜适量

做法

❶ 柠檬切开去皮；菠萝去皮，洗净后切块。

❷ 将柠檬、菠萝块放入搅拌机中。

❸ 加入蜂蜜后搅拌均匀，以一小块菠萝和腌渍樱桃作装饰即可。

小贴士

　　本品可开胃顺气、消食止泻，适合消化不良的慢性胃炎患者饮用。菠萝中含有的菠萝蛋白酶有促进消化的功效，对于脘腹胀满、不欲饮食的慢性胃炎患者尤为合适。

柚子黄豆浆

材料

柚子 60 克，黄豆 50 克，砂糖少许

做法

❶ 黄豆加水泡至发软，捞出洗净；柚子去皮去籽，将果肉切碎丁备用。

❷ 将上述材料放入豆浆机中，加水搅打成豆浆，煮沸后滤出，加入砂糖拌匀即可。

小贴士

　　本品具有健脾补气、生津止渴的功效，适合脾胃虚弱、胃阴亏虚型的慢性胃炎患者饮用。黄豆含有不饱和脂肪酸，以亚麻酸含量最丰富，这对于预防动脉硬化也有很大作用。黄豆含有的磷脂是构成细胞的基本成分，对维持人的神经、肝脏、骨骼及皮肤的健康均有重要作用。

生姜肉桂炖猪肚

材料

生姜 15 克，肉桂 5 克，猪肚 150 克，猪瘦肉 50 克，薏米 25 克，盐 2 克

做法

❶ 猪肚里外反复洗净，氽烫后切成长条；猪瘦肉洗净后切成块。

❷ 生姜去皮，洗净，用刀拍烂；肉桂浸透洗净，刮去粗皮；薏米淘洗干净。

❸ 将上述材料放入炖盅，加适量清水，隔水炖 2 小时，加盐调味即可。

小贴士

本品具有温胃散寒的功效。猪肚具有补虚损、健脾胃的功效，适合脾胃虚损、身体瘦弱者食用。生姜、肉桂均有温补脾胃的作用。

橘子杏仁菠萝汤

材料

橘子 20 克，杏仁 80 克，菠萝 100 克，冰糖 50 克，枸杞子适量

做法

❶ 将菠萝去皮，切块；橘子洗净，切片。

❷ 杏仁洗净，备用。

❸ 锅上火倒入水，调入冰糖，下入菠萝、杏仁、橘子烧沸，放入枸杞子即可。

小贴士

橘子具有理气、化痰止咳、健脾和胃的功效，常用于防治胸胁胀痛、疝气、乳胀、乳房结块、胃痛、食积等症。杏仁则能止咳平喘、润肠通便，可辅助治疗便秘、咳嗽等症。

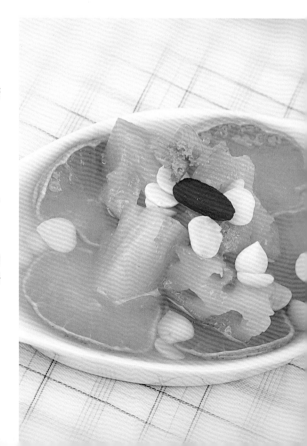

西蓝花香菇粥

材料

西蓝花 35 克，香菇、胡萝卜各 20 克，大米 100 克，盐 2 克，味精 1 克

做法

1. 大米洗净泡发；西蓝花洗净，撕成小朵；胡萝卜洗净，切成小块；香菇泡发洗净，切条。
2. 锅置火上，注入清水，放入大米用大火煮至米粒绽开后，放入西蓝花、胡萝卜、香菇。
3. 改用小火煮至粥成后，加入盐、味精调味，即可食用。

小贴士

此粥能温中和胃、缓解胃痛。香菇能提高机体免疫力、延缓衰老。西蓝花含有维生素 C、胡萝卜素等营养成分，有增加抗病能力的功效。

香菇葱花粥

材料

香菇 15 克，大米 100 克，盐 3 克，葱少许

做法

1. 大米淘洗干净，泡发；香菇泡发洗净切丝；葱洗净切花。
2. 锅置火上，注入清水，放入大米，用大火煮至米粒开花。
3. 放入香菇，用小火煮至粥成闻见香味后，加入盐调味，撒上葱花即可。

小贴士

大米有补中益气、健脾养胃的功效；香菇其味鲜美，香气沁人，有增强人体免疫力、延缓衰老、增加食欲的功效；香菇、葱花、大米合熬为粥，有温中和胃的功效，可缓解胃痛。

黑米葡萄干豆浆

材料

黑米 30 克，黄豆 60 克，枸杞子 10 克，葡萄干 20 克

做法

❶ 将黄豆、黑米提前浸泡大约 10 小时，洗净备用；枸杞子、葡萄干淘洗干净备用。

❷ 先放入浸泡好的黄豆，然后放入黑米、葡萄干、枸杞子，加入适量清水，按下功能键，煮至豆浆机提示做好即可。

小贴士

此款豆浆甜而不腻，适合女性饮用，有滋补气血、健脾养胃的功效。另外豆浆中的枸杞子使这款豆浆也适合体虚易疲劳的人饮用，对那些长时间使用眼睛的人群，如学生、白领等也很适合。

红豆黄豆红枣豆浆

材料

红豆、红枣各 20 克，黄豆 30 克，冰糖适量

做法

❶ 黄豆、红豆分别浸泡至软，捞出洗净；红枣用温水洗净，去核，切成小块。

❷ 将黄豆、红豆、红枣放入豆浆机中，添水搅打成豆浆，煮沸后滤出豆浆，加入冰糖拌匀即可。

小贴士

红豆含有较多的皂角苷、膳食纤维及叶酸等，具有刺激肠道、调节血糖等功效，常饮对肠胃功能不好的人来说有很好的补益作用。

PART 2

止咳喘、清肺热的
保健菜

白果扒草菇

材料
白果25克，草菇150克，陈皮6克，盐、味精、生姜、葱、香油、食用油各适量

做法
1. 将草菇洗净，对切；白果去皮，泡发；陈皮泡发后，洗净切成丝；生姜洗净切成细丝；葱洗净，切成末。
2. 锅内加少许油，下葱、姜爆香后，下入白果、陈皮和草菇翻炒。
3. 最后加入盐、味精、香油翻炒均匀即可。

小贴士
本品可止咳平喘、燥湿化痰、补肾纳气，适合慢性肺炎患者食用。白果还有抑菌和抗炎作用，可用于辅助治疗呼吸道感染性疾病。

油菜香菇

材料
油菜200克，干香菇10朵，高汤200毫升，淀粉、盐、砂糖、味精、食用油各适量

做法
1. 油菜洗净，对切成两半；香菇泡发洗净，去蒂，切小块。
2. 炒锅入油烧热，先放入香菇炒香，再放入油菜、盐、砂糖、味精，加入高汤。
3. 加盖焖约2分钟，以淀粉勾一层薄芡，即可出锅装盘。

小贴士
本品具有清热解毒、防癌抗癌的功效，适合热毒内蕴的肺癌患者食疗之用。香菇与油菜搭配，防癌抗癌效果更明显。

桔梗苦瓜

材料

桔梗 6 克，苦瓜 200 克，玉竹 10 克，淀粉 3 克，山葵、酱油适量

做法

❶ 苦瓜洗净，对切，去瓤，切薄片，泡冰水，冷藏 10 分钟。

❷ 将玉竹、桔梗打成粉末。

❸ 将淀粉、山葵、酱油和粉末拌匀，淋在苦瓜上即可。

小贴士

　　本品具有清热解毒、止咳平喘的功效，适合热毒内蕴、痰浊阻肺的慢性肺炎患者食用。桔梗具有祛痰、排脓、宣肺等作用，苦瓜可清热解毒，二者搭配，食疗价值很高。

无花果杏仁煲排骨

材料

无花果适量，杏仁 20 克，排骨 200 克，盐 2 克，鸡精 1 克

做法

❶ 排骨洗净，斩块；杏仁、无花果均洗净。

❷ 锅中加适量水烧开，放入排骨汆尽血水，捞出洗净。

❸ 砂锅内注上适量清水烧开，放入排骨、杏仁、无花果，用大火煲沸后改小火煲 2 小时，加盐、鸡精调味即可。

小贴士

　　本品有纳气平喘、祛痰止咳的功效，适合肾虚不纳的慢性肺炎患者食用。

桑白皮葡萄果冻

材料

椰果 60 克，葡萄 200 克，果冻粉 20 克，鱼腥草 10 克，桑白皮 10 克，砂糖 25 克

做法

① 鱼腥草、桑白皮洗净，煎取药汁，过滤药渣备用。

② 葡萄洗净去皮，与椰果一起放入模型杯中；药汁、果冻粉、砂糖放入锅中，以小火加热，并不停搅拌，煮沸后关火，也倒入模型杯中。

③ 待凉移入冰箱冷藏，至凝固即可。

小贴士

　　本品可清热解毒、泻肺平喘，适合痰热郁肺型的慢性支气管炎患者食用。

前胡二母蒸甲鱼

材料

前胡、川贝母、知母、柴胡、杏仁各 6 克，甲鱼 500 克，盐、生姜片各适量

做法

① 将甲鱼宰杀，去头、内脏，切块，然后放入大碗中。

② 加川贝母、知母、前胡、柴胡、生姜片、杏仁和盐。

③ 加水没过甲鱼块，放入蒸锅蒸 1 小时即可。

小贴士

　　前胡常用于肺热咳嗽、痰稠难咯、气逆而喘等症；川贝母具有清热润肺、化痰止咳的功效，用于治疗肺热燥咳、干咳少痰、阴虚劳嗽、咯痰带血等症。

白果猪肚汤

材料

白果 40 克，猪肚 180 克，生姜、淀粉各适量，盐 3 克

做法

1. 猪肚用盐、淀粉洗净后切片；白果洗净；生姜洗净切片。
2. 锅中注水烧沸，入猪肚汆去血沫备用。
3. 将猪肚、白果、生姜片放入砂锅中，倒入适量清水，用小火熬 2 小时，调入盐即可食用。

小贴士

　　本品可健脾益气、补肾纳气、止咳平喘，适合肾虚不纳型的慢性肺炎患者食用。白果常用于治疗支气管哮喘、慢性支气管炎、肺结核等呼吸系统疾病，具有很好的疗效。

二仁化痰汤

材料

杏仁 10 克，瓜蒌仁 15 克，猪瘦肉 100 克，盐 3 克

做法

1. 将猪瘦肉用清水洗净，切小块，备用。
2. 杏仁、瓜蒌仁分别用清水洗净，沥干水分备用。
3. 将猪瘦肉、杏仁、瓜蒌仁加适量水，大火烧开，转小火煎汤，加盐调味即可。

小贴士

　　本品具有清热、化痰、止咳的功效，适合痰热蕴肺型的慢性支气管炎患者食用。瓜蒌仁具有清热化痰、宽胸散结、润肠通便的功效。

鹌鹑五味子陈皮粥

材料

鹌鹑3只，五味子、陈皮各10克，大米80克，肉桂15克，生姜末、盐、葱花各适量

做法

1. 鹌鹑洗净，切块，入沸水中汆烫；大米淘净；肉桂、五味子、陈皮洗净，装入棉布袋，扎紧袋口。
2. 锅中放入鹌鹑、大米、生姜末及药袋，加入沸水，中火焖煮至米粒开花后，改小火熬煮成粥，加盐，撒入葱花即可。

小贴士

　　本粥具有温阳散寒、敛肺止咳的作用，适合风寒外袭的肺炎患者食用。

椰汁薏米萝卜粥

材料

椰汁50毫升，薏米80克，玉米粒、胡萝卜、豌豆各15克，冰糖7克，葱花少许

做法

1. 薏米洗净后泡发；玉米粒洗净；胡萝卜洗净，切丁；豌豆洗净。
2. 锅置火上，注入水，加入薏米煮至米粒开花后，加入玉米、胡萝卜、豌豆同煮。
3. 煮至食材熟烂后加入冰糖、椰汁，撒上葱花即可。

小贴士

　　此汤具有健脾渗湿、化痰止咳的功效，适合痰湿内蕴型的慢性支气管炎患者食用。胡萝卜具有润肺、生津、化痰的功效，对咳嗽痰多、肺热干咳等症具有很好的辅助治疗效果。

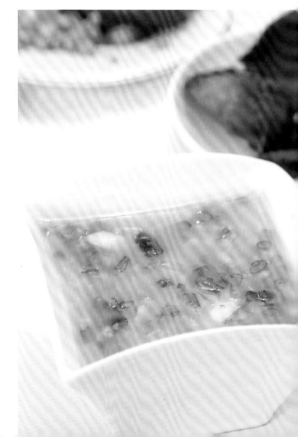

麻黄瘦肉平喘汤

材料

麻黄 10 克，猪瘦肉 200 克，射干 15 克，陈皮 3 克，食用油、盐、葱段各适量

做法

❶ 陈皮洗净，切小片；猪瘦肉洗净，切片备用；射干、麻黄洗净，煎汁去渣备用。

❷ 在锅内放少许油，烧热后，放入猪瘦肉片，翻炒片刻。

❸ 加入陈皮、药汁，加少量清水煮至肉熟，再放入盐调味，撒上葱段即可。

小贴士

本品具有宣肺平喘、燥湿化痰的功效，适合哮喘患者食用。麻黄具有发汗解表、宣肺平喘的作用，射干具有止咳化痰、消肿散结的功效。

白果炖鹧鸪

材料

白果 10 克，鹧鸪 1 只，生姜 10 克，盐 3 克，鸡精 1 克，香菜、食用油各适量

做法

❶ 鹧鸪洗净，斩成小块；生姜去皮切片。

❷ 净锅上火，加水烧沸，把鹧鸪下入沸水中汆烫。

❸ 锅中加油烧热，下入生姜片爆香，加入适量清水，放入鹧鸪、白果煲 30 分钟，加入盐、鸡精，撒上香菜即可。

小贴士

此汤具有宣肺、化痰、止咳的功效，适合热哮喘患者食用。鹧鸪的营养不仅丰富，还具有补益五脏的作用。

紫菀款冬猪肺汤

材料

紫菀、款冬花各 10 克，黄芩 8 克，猪肺 300 克，盐 2 克，生姜 4 克

做法

1. 将猪肺用清水洗净，切块；生姜洗净，切片；紫菀、款冬花、黄芩洗净备用。
2. 将猪肺、紫菀、款冬花、黄芩加水共煮。
3. 煮至熟时，加入盐、生姜片调味即可。

小贴士

　　本品具有清热、润肺、化痰、止咳的功效，适合热哮型的哮喘患者食用。猪肺味甘，性平，入肺经，有补虚、止咳、润肺之功效，适宜肺虚久咳、肺结核、肺痿咯血者食用。

罗汉果瘦肉清肺汤

材料

罗汉果 1 个，猪瘦肉 200 克，枇杷叶 15 克，盐 3 克

做法

1. 罗汉果洗净，打成碎块。
2. 枇杷叶洗净，浸泡 30 分钟；猪瘦肉洗净，切块。
3. 将适量清水放入瓦锅内，煮沸后加入罗汉果、枇杷叶，大火煮开后，改用小火煲 3 小时，加盐调味即可。

小贴士

　　本品具有清热解毒、宣肺止咳的功效，适合痰热蕴肺型的慢性肺炎患者食用。罗汉果具有清热解暑、化痰止咳、生津止渴等功效，熬汤食用，食疗效果极佳。

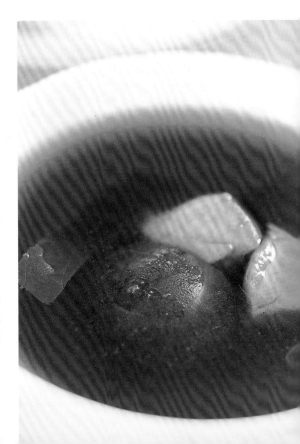

旋覆花乳鸽止咳汤

材料

旋覆花、沙参各 10 克，乳鸽 1 只，山药 50 克，盐适量

做法

❶ 将乳鸽去毛及肠杂，洗净切块。

❷ 山药去皮，洗净切片；沙参洗净；将旋覆花放入药袋中，扎紧。

❸ 将乳鸽、山药、沙参放入砂锅中，加入药袋及盐，用小火炖 30 分钟至肉熟烂，取出药袋即可。

小贴士

　　本品可降逆止咳、益气养阴，适合肺气阴两虚型的慢性肺炎患者食用。旋覆花具有下气消痰、降逆止呕的功效；沙参可滋阴润肺。

杏仁芝麻羹

材料

杏仁 30 克，黑芝麻 50 克，熟花生碎 20 克，糯米 300 克，冰糖适量

做法

❶ 糯米、杏仁均泡发洗净；将黑芝麻下锅用小火炒香，然后搽碎。

❷ 将糯米和冷水下锅用大火熬 10 分钟，之后放黑芝麻、杏仁。

❸ 慢慢搅拌，20 分钟后放冰糖，放入花生碎即可。

小贴士

　　本品具有润肺止咳、润肠通便、排毒降脂等功效，适合肺炎、干咳、高脂血症等患者。杏仁具有润肺、止咳、滑肠等功效，对干咳无痰、肺虚久咳等症具有一定的缓解作用。

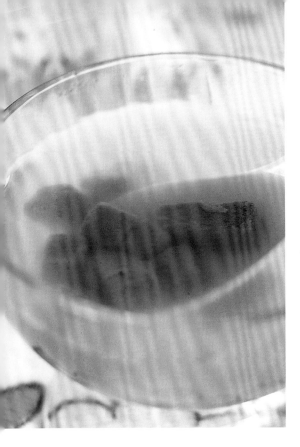

天南星冰糖水

材料

天南星 10 克，冰糖适量

做法

❶ 天南星洗净，备用。

❷ 锅中加入 200 毫升水，放入天南星煎煮 20 分钟。

❸ 加入适量冰糖，调匀即可。

小贴士

本品具有温肺散寒、化痰平喘的功效，适合冷哮型的哮喘患者饮用。天南星具有燥湿化痰、祛风定惊之功效。

百合玉竹润肺汤

材料

水发百合 50 克，玉竹 10 克，猪瘦肉 75 克，清汤适量，盐 3 克，砂糖 3 克，枸杞子适量

做法

❶ 将水发百合洗净；猪瘦肉洗净切片；玉竹用温水洗净浸泡备用。

❷ 净锅上火倒入清汤，调入盐、砂糖。

❸ 下入猪瘦肉烧开，捞去浮沫，再下入玉竹、水发百、枸杞子煲至熟即可。

小贴士

本品具有补肺益气、养阴润肺的功效，适合肺气阴两虚型的慢性肺炎患者食用。百合甘凉清润，主入肺心二经，长于清肺润燥、清心除烦，为肺燥咳嗽、虚烦不安者所常用之药。

雪梨木瓜猪肺汤

材料
雪梨 50 克，木瓜 100 克，猪肺 200 克，银耳 30 克，生姜片、盐各适量

做法
1. 雪梨去心，洗净，切成块；银耳浸泡，去除根蒂部硬结，撕成小朵；木瓜去皮、籽，洗净，切块。
2. 猪肺处理干净，切块；炒锅烧热，放入生姜片，将猪肺干炒 5 分钟左右。
3. 瓦锅注水，煮沸后加入全部材料，大火煮开后，改小火煲 3 小时即可。

小贴士
　　本品可清热化痰、益气养阴，适用于痰热郁肺、肺阴虚型慢性肺炎。雪梨具有润肺、化痰、止咳的功效，对肺炎和上呼吸道感染的患者具有很好的辅助疗效。

五味子白果平喘汤

材料
五味子 20 克，白果 30 克，猪瘦肉 200 克，盐适量

做法
1. 猪瘦肉洗净，切片，备用。
2. 五味子、白果洗净，备用。
3. 将五味子、白果与猪瘦肉一起放入炖锅，加水炖至肉熟，加入盐调味即可。

小贴士
　　本品具有敛肺止咳、补肺平喘的功效，适合虚哮型的哮喘患者食用。五味子有生津敛汗、宁心安神的作用；白果则可平喘止咳。二者结合，用于治疗虚哮型哮喘，有很好的辅助疗效。

养阴润肺、清心除烦

参麦五味子乌鸡汤

材料

人参片 6 克，麦门冬、干山药各 25 克，五味子 10 克，乌鸡腿 2 只，盐 4 克

做法

1. 将乌鸡腿洗净剁块，余去血水；人参片、干山药、麦门冬、五味子均洗净。
2. 将乌鸡腿及以上药材一起放入锅中，加适量水直至盖过所有的材料。
3. 以大火煮沸，然后转小火续煮 1 小时左右，快熟前加盐调味即成。

半夏薏米汤

材料

半夏 15 克，薏米 30 克，知母、百合各 10 克，冰糖适量

做法

1. 半夏用水略冲；薏米洗净，泡发；百合、知母洗净，备用。
2. 将半夏、薏米、知母、百合一起放入锅中，加 1000 毫升水煮至薏米熟烂。
3. 加入冰糖调味即可。

健脾祛湿、降逆化痰

清热化痰、活血化淤

黑木耳竹茹汤

材料

水发黑木耳 15 克，竹茹 10 克，鸡血藤 15 克，红枣 8 颗，冰糖适量

做法

1. 将水发黑木耳和鸡血藤、竹茹、红枣洗净。
2. 将黑木耳、鸡血藤、竹茹、红枣放入锅中，加水以大火煮沸，转小火煎至约剩 2/3 的分量。
3. 加冰糖搅匀，待温热即可服食。

玉竹麦门冬炖雪梨

材料

玉竹、麦门冬、百合各8克，雪梨2个，冰糖25克

做法

❶ 雪梨削皮，每个切成4块，去核。

❷ 玉竹、麦门冬、百合用温水浸透，淘洗干净，备用。

❸ 将以上材料倒进炖盅内，加入冰糖，加盖，隔水炖之，待锅内水开后，转用小火再炖1小时即可。

清热润肺、止咳化痰

清热润肺、健脾祛湿

川贝母梨饮

材料

川贝母10克，鸭梨1个，薏米、冰糖各适量

做法

❶ 将川贝母冲洗干净，备用。

❷ 鸭梨去皮、核，切成块。

❸ 把川贝母、鸭梨、薏米放入锅中，加适量的水和冰糖，煮开后再煲10分钟即可。

白前白扁豆猪肺汤

材料

白前9克，白扁豆10克，猪肺300克，盐3克，香油适量

做法

❶ 白前、白扁豆洗干净。

❷ 猪肺冲洗干净，挤净血污，切成小块，同白前、白扁豆一起放入砂锅内，注入适量清水。

❸ 先用大火烧沸，改用小火炖1小时，至猪肺熟透，加盐调味，淋上香油即可。

祛痰降逆、润肺平喘

半夏桔梗薏米汤

材料

半夏 15 克，桔梗 10 克，薏米 50 克，百合 5 克，冰糖、葱花各适量

做法

❶ 半夏、桔梗用水略冲。

❷ 将半夏、桔梗、薏米、百合一起放入锅中，加水 1000 毫升煮至薏米熟烂。

❸ 加入冰糖调味，撒上葱花即可。

小贴士

本品具有燥湿化痰、理气止咳的功效，适合痰湿蕴肺型的慢性支气管炎患者食用。半夏具有燥湿化痰、降逆止呕、消痞散结的功效，主治咳喘痰多、呕吐反胃、头痛眩晕、夜卧不安等症。

沙参百合汤

材料

沙参 20 克，水发百合 75 克，水发莲子 30 克，冰糖、葱花、枸杞子各适量

做法

❶ 将水发百合、水发莲子、枸杞子均洗净备用。

❷ 沙参用温水清洗备用。

❸ 净锅上火，倒入适量水和冰糖，下入沙参、水发莲子、水发百合、枸杞子煲至熟，撒上葱花即可。

小贴士

本品具有滋阴润肺、止咳化痰的功效，适合肺阴亏虚型的慢性支气管炎患者食用。百合有很高的药用价值，具有清心润肺、宁心安神等功效，主治虚劳咳嗽、肺燥干咳、虚烦惊悸等症。

甘菊桔梗雪梨汤

材料

甘菊 5 朵，桔梗 5 克，雪梨 1 个，冰糖 5 克

做法

1. 甘菊、桔梗洗净，加 1200 毫升水煮开，转小火继续煮 10 分钟，去渣留汁，加入冰糖搅匀后，盛出待凉。
2. 雪梨洗净削皮，去核，切小块备用。
3. 将雪梨加入已凉的甘菊水拌匀即可。

小贴士

此汤具有清热润肺、化痰止咳的功效，适合肺阴虚型的慢性肺炎患者食用。多吃雪梨，可改善呼吸系统功能，保护肺部免受空气中灰尘和烟尘的影响。雪梨还具有生津、润燥等功效，适用于热病伤津所致烦渴、干咳等症。

川贝母冰糖粥

材料

川贝母 15 克，大米 80 克，冰糖 8 克，枸杞子、葱花各适量

做法

1. 大米洗净泡发；川贝母、枸杞子洗净。
2. 锅置火上，倒入清水，放入大米，以大火煮开。
3. 加入川贝母、枸杞子、冰糖煮至浓稠状，撒上葱花即可。

小贴士

此粥可润肺化痰、滋阴生津，适合肺阴虚型慢性肺炎患者食用。川贝母有润肺止咳、化痰平喘的作用，多用于治疗风热咳嗽、燥热咳嗽、干咳。它不仅有镇咳、祛痰作用，还有一定的降压、抗菌作用。

苏子茶

材料

苏子 10 克，枸杞子 5 克，冰糖适量

做法

❶ 枸杞子洗净后，与苏子一起放入锅中，加500 毫升水用小火煮至沸腾。

❷ 倒入杯中后，加入冰糖搅匀即可饮用。

小贴士

　　本品具有降气化痰、纳气平喘的功效，适合冷哮型的哮喘患者饮用。哮喘患者经常饮用本品，有很好的疗效，并能增强人体免疫力。

蛤蚧酒

材料

蛤蚧 1 对，白酒 2000 毫升

做法

❶ 将蛤蚧洗净，去头、足。

❷ 将准备好的蛤蚧浸入酒中，密封后置于阴凉处，半月后即可饮用。

小贴士

　　本品具有温补肾阳、纳气平喘的功效，适合冷哮型的哮喘患者饮用。蛤蚧有益肾补肺、止咳的功效，还可用于治疗其他慢性肺病，尤其是老年虚寒型慢性支气管炎、肺气肿。注意，外感风寒咳嗽及阴虚火旺者禁服蛤蚧。

PART 3

安心神、调气血的
保健菜

海蜇黄花菜

材料

海蜇 200 克，黄花菜 100 克，盐、味精、醋、香油、红椒、黄瓜各适量

做法

❶ 黄花菜洗净；海蜇洗净；红椒洗净，切丝；黄瓜洗净，切长薄片。

❷ 锅内注水烧沸，放入海蜇、黄花菜焯熟，捞出沥干装入碗中，再放入红椒丝。

❸ 向碗中加入盐、味精、醋、香油拌匀后，再倒入盘中，四周围上黄瓜片即可。

小贴士

本品具有滋阴清热、除烦安神的功效。黄花菜有安神的作用，能用于辅助治疗神经衰弱、心烦不眠等症；海蜇具有清热滋阴、化痰软坚、降压消肿之功效。

当归红枣牛肉汤

材料

当归 20 克，红枣 10 颗，牛肉 200 克，盐、味精各适量

做法

❶ 把牛肉用清水洗净，切块。

❷ 当归、红枣洗净。

❸ 把牛肉、当归、红枣放入锅内，加适量水，大火煮开，改用小火煲 2~3 小时，调入盐和味精即可。

小贴士

本品具有滋阴养血、活血止痛的功效，适合血虚型头痛患者食用。当归有活血、补血的作用，红枣能宁心安神、益智健脑，搭配牛肉熬汤，保健效果很好。

天麻金枪鱼汤

材料

天麻 15 克，金枪鱼肉 150 克，金针菇 150 克，西蓝花 75 克，知母 10 克，生姜丝 5 克，盐 3 克

做法

1. 天麻、知母洗净，放入棉布袋中扎紧；鱼肉、金针菇、西蓝花洗净，西蓝花掰成小朵。
2. 清水注入锅中，放棉布袋和鱼肉、金针菇、西蓝花，大火煮沸。
3. 取出棉布袋，放入生姜丝和盐调味即可。

小贴士

本品具有平肝止眩、熄风止痛的功效，适合肝阳上亢型头痛患者食用。天麻具有息风定惊的功效，常用于治疗眩晕、头风头痛、肢体麻木、半身不遂等症。

当归川芎鱼头汤

材料

当归、川芎各 10 克，三文鱼头 1 个，枸杞子 15 克，西蓝花 150 克，蘑菇 3 朵，盐 2 克

做法

❶ 鱼头去鳞、鳃，洗净；西蓝花、蘑菇洗净，撕成小朵。

❷ 将川芎、当归、枸杞子洗净，放入锅中，以适量水熬至约剩 2/3，放入鱼头煮熟。

❸ 加入西蓝花和蘑菇煮熟，加盐调味即成。

小贴士

　　本品具有活血化淤、祛风止痛的功效，适合气滞血淤型头痛患者食用。川芎辛温香燥，有解郁、行气、止痛等功效，用于治疗头晕、头痛等症，效果很好。

黄花菜黑木耳炒肉

材料

干黄花菜 30 克，干黑木耳 1 朵，猪瘦肉条 200 克，上海青 1 棵，盐 5 克

做法

❶ 黄花菜去硬梗，打结，以清水泡软，捞起、沥干。

❷ 黑木耳洗净，泡发至软，切粗丝；上海青洗净。

❸ 锅中加适量水煮沸后，下黄花菜、黑木耳、猪瘦肉条，待猪瘦肉条熟后，续下上海青，加盐调味即成。

小贴士

　　本品具有凉血平肝、滋阴补肾的功效，适合肝火上亢、肾阴不足的神经衰弱患者食用。

牛奶炖花生

材料

牛奶、冰糖各适量,花生仁50克,枸杞子20克,银耳10克,红枣5颗

做法

❶ 将银耳、花生仁、红枣、枸杞子分别泡发,洗净。

❷ 银耳撕成小片。

❸ 砂锅上火,倒入牛奶,加入泡好的银耳、红枣、枸杞子、花生仁,加入冰糖同煮,待花生仁煮烂时即可食用。

小贴士

　　本品可益气养血、养阴润燥,适合气阴两虚型失眠患者食用。牛奶富含的钙是稳定大脑神经细胞膜的重要成分,对神经有舒缓的作用,有催眠助眠之效。

绿豆莲子百合粥

材料

绿豆40克,莲子、百合、红枣各适量,大米50克,砂糖适量,葱8克

做法

❶ 大米、绿豆均泡发洗净;莲子去心洗净;红枣、百合均洗净;葱洗净,切成葱花。

❷ 锅置火上,倒入清水,放入大米、绿豆、莲子一同煮开。

❸ 加入红枣、百合同煮至浓稠状,调入砂糖拌匀,撒上葱花即可。

小贴士

　　本品可清热解毒、清心安神,适用于心火亢盛的失眠。莲子具有宁心安神的作用,百合则可清心安神,二者对失眠都有很好的食疗效果。

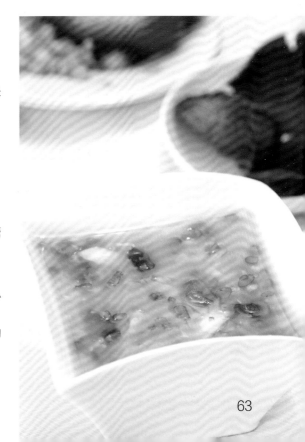

远志石菖蒲鸡心汤

材料

远志、石菖蒲各 15 克，鸡心 300 克，胡萝卜 50 克，葱适量

做法

① 将远志、石菖蒲装入棉布袋内，扎紧。

② 鸡心洗净，入开水中氽烫，捞出；葱洗净切段。

③ 胡萝卜洗净切片，与棉布袋下锅，加 1000 毫升水，中火煮沸至剩 600 毫升水，加鸡心煮沸，下葱段、盐调味即可。

小贴士

本品具有益气镇惊、安神定志、交通心肾的功效，适合心胆气虚、心肾不交型的神经衰弱患者食用。石菖蒲具有安神益智的功效，而远志则常用于失眠多梦、健忘惊悸等症。

灯心草百合炒芦笋

材料

灯心草 5 克，鲜百合 150 克，芦笋 75 克，白果 50 克，益智仁 10 克，盐 4 克，食用油 5 毫升

做法

① 将益智仁、灯心草洗净，煎药汁备用。

② 将百合洗净泡软；芦笋洗净，切斜段；白果洗净。

③ 炒锅内倒入油加热，放入百合、芦笋、白果翻炒，倒入药汁煮约 3 分钟，加入盐调味即可食用。

小贴士

本品可清心除烦、益智安神，适用于心肾不交、心火旺盛型的神经衰弱患者食用。

虾皮炒西葫芦

材料

虾皮 100 克，西葫芦 300 克，盐 3 克，酱油、食用油各少许

做法

① 将西葫芦洗净，切片备用；虾皮洗净。

② 锅洗净，置于火上，加入适量清水烧沸，放入西葫芦焯烫片刻，捞起，沥干水备用。锅中加油烧热，放入虾皮炒至金黄色，捞起。

③ 锅中留少量油，将西葫芦和虾皮一起倒入锅中，翻炒，调入酱油和盐，炒匀即可。

小贴士

　　虾皮中含有丰富的镁、钙元素，镁对心脏活动具有重要的调节作用，而钙是稳定神经细胞膜的重要元素。由于虾皮本身就很咸，所以此菜要少放盐和酱油。

银鱼苦瓜

材料

银鱼干 200 克，苦瓜 300 克，盐、鸡精、砂糖、料酒、食用油各适量

做法

① 将银鱼干用清水洗净，晾干水分备用；苦瓜用清水洗净后切片，用盐腌一下。

② 锅洗净，置于火上，加入适量油烧热，放入银鱼干炸香捞出。

③ 锅内留适量油，加入准备好的苦瓜片炒熟，然后放适量的盐、鸡精、砂糖、料酒调味，加入准备好的银鱼干，炒匀即成。

小贴士

　　银鱼属于一种高蛋白、低脂肪食品，且富含多种氨基酸，对保持头脑清醒很有帮助，可以清心安神。

当归炖猪心

材料

当归 15 克，鲜猪心 1 个，党参 20 克，延胡索 10 克，生姜片、盐、料酒各适量

做法

1. 猪心洗净，剖开。
2. 党参、当归、延胡索洗净，一起与猪心放于锅中。
3. 在猪心上，撒上生姜片、料酒，加水炖至熟，加盐调味即可。

小贴士

本品具有益气补血、活血化淤的功效，适合血虚、血淤型头痛患者食用。猪心的营养价值很高，具有安神定惊、养心补血等功效。

虫草炖雄鸭

材料

冬虫夏草 5 枚，雄鸭半只，生姜 3 片，陈皮 5 克，盐、味精、枸杞子各适量

做法

1. 将冬虫夏草用温水洗净。
2. 鸭洗净，斩块，再放入沸水中余去血水，然后捞出。
3. 将鸭块与冬虫夏草放入锅中，加水用大火煮开，再转小火炖软后，加入生姜片、枸杞子、陈皮、盐、味精调味即可。

小贴士

本品具有益气补虚、补肾壮阳的作用，适合肾虚型头痛患者食用。冬虫夏草具有抗疲劳、补肺益肾、补精益气等多种保健功效。

莲子山药乌鸡煲

材料

莲子 10 颗，山药 35 克，乌鸡 200 克，鲜香菇 45 克，盐 3 克，葱花、生姜片、枸杞子各适量

做法

1. 将乌鸡用清水洗净，斩块，放入沸水中氽烫，捞出洗净血污。
2. 鲜香菇用清水洗净切片备用；山药去皮后洗净，切块备用；莲子泡发，去莲子心。
3. 砂锅洗净，置于火上，加适量清水，下入枸杞子、生姜片、乌鸡、鲜香菇、山药、莲子，大火烧沸后转小火煲至熟，加盐调味，撒上葱花即可。

小贴士

莲子可养心安神，乌鸡可补益肾气，本品适合神经衰弱、失眠、头晕耳鸣等患者食用。

二地黄精炖瘦肉

材料

生地黄、熟地黄各 10 克，黄精 9 克，猪瘦肉 350 克，干贝 10 克，盐 3 克，鸡精 1 克

做法

1. 猪瘦肉洗净，切成块，氽烫；干贝、黄精、生地黄、熟地黄分别洗净，切成片。
2. 锅中注水，烧沸，放入猪瘦肉炖 1 小时。
3. 再放入干贝、黄精、生地黄、熟地黄慢炖 1 小时，加入盐和鸡精调味即可。

小贴士

本品具有滋阴生津、益精生髓、清热凉血的功效，适合心肾不交型的神经衰弱患者食用。

小麦红枣桂圆汤

材料
小麦 25 克，红枣 5 颗，桂圆肉 10 克，葵花籽 20 克，冰糖适量

做法
1. 将红枣洗净，用温水稍浸泡。
2. 小麦、桂圆肉、葵花籽洗净。
3. 小麦、红枣、桂圆肉、葵花籽同入锅中，加水煮汤，最后调入冰糖，熬至冰糖溶化即可。

小贴士
　　本品具有补益心脾、养血安神的功效，适合心脾两虚型的神经衰弱患者食用。红枣具有宁心安神、益智健脑的作用；桂圆可补心脾、益气血，二者可辅助治疗头晕、失眠等症。

桂圆山药红枣汤

材料
桂圆肉 50 克，山药 150 克，红枣 6 颗，冰糖适量

做法
1. 山药削皮，洗净，切块；红枣、桂圆肉洗净。
2. 锅内加适量水煮开，加入山药煮沸，再下红枣；待山药煮熟、红枣松软，加入桂圆肉，等桂圆的香味渗入汤中即可熄火。
3. 根据个人口味，加入适量冰糖调味即可。

小贴士
　　本品具有健脾益气、补气养血的功效，适合气血亏虚型头痛患者食用。山药对肺虚咳嗽、脾虚泄泻、肾虚遗精、带下过多及小便频繁等症，都有一定的食疗作用。

核桃鱼头汤

材料

核桃仁 15 克，青鱼头 1 个，桂圆肉 25 克，豆腐 250 克，生姜片、葱段各 15 克，盐适量

做法

❶ 豆腐洗净，切大块；鱼头去鳞，去内脏，洗净。

❷ 将鱼头、豆腐、生姜片、葱段、核桃仁、桂圆肉一同放入锅中，用大火煮沸后转小火煮 30 分钟，加盐调味即可。

小贴士

　　本品具有补肾益气、补血养血的功效，适合气血不足的头痛患者食用。核桃和鱼头都兼具益智补脑的功效，合用熬汤，食疗价值更高。

豌豆拌豆腐丁

材料

豌豆 100 克，豆腐 100 克，胡萝卜 100 克，盐 3 克，醋、香油各适量

做法

❶ 将胡萝卜、豆腐洗净，切丁；豌豆洗净。

❷ 把胡萝卜、豌豆放入沸水中焯熟后控水，与豆腐一起放在盘中。

❸ 加盐、醋、香油拌匀即可，拌的时候要小心，以免弄碎豆腐。

小贴士

　　豆腐可以提高记忆力和集中力，对于老年人常出现的健忘等症具有很好的食疗作用。豌豆和胡萝卜的营养价值都十分高，搭配食用效果很好。

蒜蓉粉丝蒸扇贝

材料
蒜蓉 50 克, 粉丝 30 克, 扇贝 200 克, 食用油、葱末、红椒丁、盐、味精各适量

做法
1. 扇贝洗净剖开, 留一半壳; 粉丝泡发, 剪小段。
2. 将扇贝肉洗净, 剖两三刀, 放置在贝壳上, 撒上粉丝, 上笼屉, 蒸 2 分钟。
3. 烧热油锅, 下蒜蓉、葱末、红椒丁煸香, 放入盐、味精, 熟后淋在扇贝上即可。

小贴士
　　扇贝中含有牛磺酸成分, 具有降低血清胆固醇的作用, 可抑制胆固醇在肝脏中的合成和加速胆固醇排泄, 从而使体内胆固醇含量下降。因此, 本品适合高脂血症患者食用。

如意蕨菜蘑菇

材料
蕨菜、蘑菇、鸡脯肉丝、胡萝卜、白萝卜、盐、淀粉、食用油、葱丝、生姜丝、蒜片、清汤各适量

做法
1. 蕨菜洗净切段; 蘑菇洗净切片, 鸡脯肉丝用温热油滑炒至熟。
2. 锅内放油烧热, 用葱丝、生姜丝、蒜片炝锅, 放蕨菜段煸炒, 入鸡脯肉丝、蘑菇、清汤及盐, 汤沸后用淀粉勾芡即可。

小贴士
　　本品可清热解毒、健脾益胃、润肠通便, 适合胃火炽盛、肺热伤津型糖尿病患者食用。蕨菜味甘性寒, 入药有解毒、清热、润肠、利湿等功效, 经常食用可辅助降低血压和血脂, 缓解头晕失眠等症。

胡萝卜烩黑木耳

材料

胡萝卜100克，黑木耳100克，食用油5毫升，盐、鸡精、葱段各适量

做法

① 黑木耳用冷水泡发，撕成小朵；胡萝卜洗净切片。

② 锅置火上，倒入油，待油烧至七成热时，放入适量葱段煸炒。

③ 随后放黑木耳稍炒一下，放胡萝卜片，再依次放入适量的盐、鸡精，炒匀即可。

小贴士

　　此菜适合高血压、高脂血症、糖尿病患者食用。胡萝卜内含琥珀酸钾，有助于防止血管硬化，降低胆固醇，对防治高血压、高脂血症也有一定的作用。

杏仁拌苦瓜

材料

杏仁50克，苦瓜250克，枸杞子10克，香油4毫升，鸡精、盐各适量

做法

① 苦瓜剖开，去瓤，洗净切成薄片，放入沸水中焯至断生，捞出。

② 杏仁用温水泡一下，撕去外皮，掰成两瓣，放入开水中烫熟；枸杞子泡发洗净。

③ 将香油、盐、鸡精与苦瓜搅拌均匀，撒上杏仁、枸杞子即可。

小贴士

　　本菜具有降血糖、清热润肺、提神健脑的功效。苦瓜中含有的苦瓜苷和似胰岛素物质，具有良好的降血糖作用，是糖尿病患者的理想食品。

熟地冬瓜煲猪骨

材料

熟地黄50克,冬瓜100克,猪骨300克,生姜、香油、盐各适量

做法

❶ 将猪骨洗净剁块；熟地黄洗净切片；生姜去皮洗净切片。

❷ 锅上火,放适量清水,大火煮开后放入猪骨焯烫,去血水。

❸ 砂锅上火,加适量水,放香油,将猪骨放入砂锅,加入熟地黄、生姜片、冬瓜,大火煮开,转中火煲1小时,调入盐即可。

小贴士

　　本品可滋阴补肾,适合肝肾阴虚型糖尿病患者食用。冬瓜具有利尿、消肿的功效,常食对高血压患者也有很好的利尿降压作用。

干贝瘦肉汤

材料

干贝15克,猪瘦肉500克,鲜山药200克,生姜2克,盐4克

做法

❶ 猪瘦肉洗净,切块,氽烫；干贝洗净,切丁；山药、生姜洗净,去皮,切片。

❷ 将猪瘦肉放入沸水中,氽去血水。

❸ 锅中注水,放入猪瘦肉、干贝、山药、生姜片慢炖2小时,加入盐调味即可。

小贴士

　　本品具有滋阴润燥、益气补虚的功效,适合气阴两虚型甲状腺功能亢进患者食用。山药和干贝都具有很好的滋阴功效,配合熬汤,营养丰富。

玫瑰夏枯草茶

材料

玫瑰 3 克，夏枯草 3 克，蜂蜜适量

做法

1. 玫瑰、夏枯草洗净，放进杯中。
2. 往杯中注入开水冲泡 10 分钟。
3. 加入蜂蜜调味即可。

小贴士

本品可行气解郁、清泻肝火、消散肿结，适合气滞痰凝、肝火旺盛的甲状腺功能亢进患者饮用，还能调节内分泌，缓和甲状腺功能亢进引起的情绪躁动、眼突眼干等症。玫瑰有理气、活血、收敛等作用，可以柔肝、行气、活血、美容养颜。

生地黄玄参汤

材料

生地黄 20 克，玄参、酸枣仁、夏枯草各 10 克，红枣 6 颗

做法

1. 将生地黄、玄参、酸枣仁、夏枯草、红枣洗净。
2. 将全部材料放入砂锅中。
3. 加入适量清水，煮半小时即可。

小贴士

本品具有清热解毒、滋阴凉血、养心安神的功效，适合肝火旺盛以及阴虚火旺型甲状腺功能亢进患者食用，还可缓解甲状腺功能亢进患者精神亢奋的症状。

银耳西红柿汤

材料

银耳 20 克，西红柿 150 克

做法

❶ 将银耳用温水泡发，去除根部黄色的杂质洗净，撕碎。

❷ 西红柿洗净，切块。

❸ 在锅内加适量水，放入银耳、西红柿块，大火煮沸即成。

小贴士

　　本品具有清热生津、润肠通便、止消渴的功效，适合各个证型的糖尿病患者食用。

百合生地黄粥

材料

大米 80 克，百合 20 克，生地黄 15 克，盐、葱花各适量

做法

❶ 将大米、百合、生地黄分别洗净。

❷ 取生地黄入锅熬汁留用；再将大米和百合放入锅中，用大火煮至米粒将开花时，倒入生地黄汁，粥成后关火。

❸ 撒上葱花，加盐调味即可。

小贴士

　　本品可清热凉血、生津润燥，适合肺热伤津、胃火炽盛以及肝肾阴虚型糖尿病患者食用。百合有滋养、安神的功效，很适合虚火旺盛的糖尿病患者食用。

炖南瓜

材料

南瓜 300 克，生姜、葱各 10 克，盐 3 克，食用油适量

做法

① 将南瓜去皮、去瓤，切成厚块；葱洗净，切段；生姜去皮切丝。

② 锅上火，加适量油烧热，下入生姜丝、葱段炒香。

③ 再下入南瓜，加入适量清水炖 10 分钟，调入盐即可。

小贴士

　　本品具有润肠通便、止消渴的功效，适合各个证型的糖尿病患者食用。南瓜具有补中益气、降血脂、降血糖、清热解毒、保护胃黏膜、帮助消化等功效。多食南瓜，可有效防治高血压、糖尿病及肝脏病变，还可以提高人体的免疫力。

葛根枸杞子粥

材料
葛根粉 30 克，枸杞子 10 克，大米 80 克

做法
① 将大米淘洗干净；枸杞子洗净备用。
② 将葛根粉用少量冷开水搅拌成芡汁。
③ 将大米放入锅中，煮至八成熟时，放入枸杞子、葛粉芡汁拌匀即可。

小贴士
　　本品具有生津止渴、滋阴养肝的功效，糖尿病患者食用尤为适宜。葛根本身具有强身健体、降压、降糖、降脂的作用，其活性成分还可以预防心脑血管疾病，延年益寿。

黄精桑葚粥

材料
黄精 20 克，干桑葚 20 克，陈皮 3 克，大米 80 克，葱花适量

做法
① 将黄精、干桑葚、陈皮分别洗净；大米洗净、泡发；锅置火上，加水适量，放入大米，大火煮至米粒开花。
② 再放入黄精、桑葚、陈皮，用小火熬至粥成时，撒上葱花即可。

小贴士
　　此粥可滋阴生津、补肝益肾，适合肝肾阴虚型糖尿病患者食用，症见腰膝酸软、头晕耳鸣、手足心热、口干咽燥等。黄精对肾上腺素引起的血糖过高也具有很好的抑制作用。

玉竹西洋参茶

材料

玉竹、麦门冬各 20 克，西洋参 3 片，蜂蜜适量

做法

① 玉竹、西洋参冲净；麦门冬洗净捣碎，与玉竹、西洋参一起用 600 毫升沸水冲泡。

② 加盖闷 15 分钟。

③ 滤渣待凉后，加入蜂蜜，拌匀即可饮用。

小贴士

　　本品具有滋阴益气、补虚生津的功效，适合肺热伤津、气阴两虚型糖尿病患者饮用，常喝此茶还可强身健体、延年益寿。

莲子心决明子茶

材料

莲子心 2 克，决明子 10 克

做法

① 将莲子心（由于莲子心大苦大寒，量不宜过多，2～3 克即可）与决明子分别洗净，放入杯中。

② 用沸水冲泡，加盖闷 10 分钟即可。

小贴士

　　本品可清热泻火、润肠通便，适合胃热炽盛的糖尿病患者饮用。决明子具有清肝火、通肠道等功效，长期泡水喝，可达到润肠排毒的目的。

山楂绞股蓝茶

材料
干山楂片 10 克，绞股蓝 8 克

做法
① 将山楂片、绞股蓝洗净。
② 将绞股蓝、干山楂片入锅，加适量水煮沸。
③ 滤渣后即可饮用。

小贴士
　　本品具有开胃消食、降脂降压、活血化淤的功效，适合高脂血症患者饮用。常饮本品，还能预防动脉硬化以及冠心病等并发症的发生。

鳖甲灵芝酒

材料
鳖甲 20 克，灵芝 50 克，枸杞子 50 克，冰糖 100 克，白酒 500 毫升

做法
① 灵芝洗净，切薄片；鳖甲、枸杞子洗净。
② 将鳖甲、灵芝、枸杞子置于酒罐中，加入冰糖、白酒，密封罐口，浸泡 15 天即成，每日取适量饮用。

小贴士
　　本品具有益气养阴、软坚散结的功效，适合气郁痰凝型甲状腺功能亢进患者饮用。灵芝可明显缓解头晕、乏力、恶心、肝区不适等症状，并可有效地改善肝功能。

PART 4

降血压、护心脑的
保健菜

活血化淤、扩张血管

洋葱炒芦笋

材料

洋葱 150 克，芦笋 200 克，盐 3 克，食用油少许

做法

❶ 芦笋洗净，切成斜段；洋葱洗净，切成片，备用。

❷ 锅中加水烧开，下入芦笋段稍焯后捞出。

❸ 锅中加油烧热，下入洋葱爆炒香，再下入芦笋稍炒，下入盐炒匀即可。

莴笋炒蘑菇

材料

莴笋 150 克，蘑菇 200 克，红椒 20 克，食用油 4 毫升，盐、淀粉、素鲜汤各适量

做法

❶ 将莴笋去皮，洗净切菱形片；蘑菇洗净，切片；红椒洗净，切片。

❷ 起锅，加入食用油，放入蘑菇片、莴笋片、红椒片，倒入素鲜汤煮沸，最后加入盐烧沸。

❸ 用淀粉勾芡即成。

利尿降压、润肠通便

扩张血管、降压明目

荠菜魔芋汤

材料

荠菜 50 克，魔芋 150 克，生姜丝、盐各 3 克

做法

❶ 荠菜去叶，择洗干净，切成大片；魔芋洗净，切片。

❷ 锅中加入适量清水，加入荠菜、魔芋及生姜丝，用大火煮沸。

❸ 转中火煮至荠菜熟软，加盐调味即可。

大刀莴笋片

材料

莴笋 250 克，枸杞子 30 克，盐 2 克，味精 1 克，砂糖 5 克，香油 15 毫升

做法

❶ 将莴笋去皮洗净后，用刀切成大刀片，放开水中焯至断生，捞起沥干水，装盘。

❷ 枸杞子洗净，放开水中烫熟后捞出，撒在莴笋片上。

❸ 把盐、味精、砂糖一起放碗中拌匀，淋在笋片上即可。

清热降压、利尿消肿

芹菜炒香菇

材料

芹菜 400 克，水发香菇 50 克，醋、淀粉、酱油、味精、食用油各适量

做法

❶ 芹菜择去叶，洗净，切成长段。

❷ 香菇洗净切片；醋、味精、淀粉混合后装入碗内，加水 50 毫升兑成芡汁。

❸ 油锅烧热，倒入油烧热，下入芹菜爆炒 3 分钟，投入香菇片迅速炒匀，再加入酱油，淋入芡汁速炒起锅即可。

降低血压、补气健脾

女贞子鸭汤

材料

女贞子、熟地黄、干山药各 30 克，鸭肉 200 克，枸杞子 20 克，盐适量

做法

❶ 将鸭肉洗净，切块。

❷ 将枸杞子、熟地黄、干山药、女贞子分别洗净，同放入锅中，加适量清水，煎至鸭肉熟烂。

❸ 最后加入盐调味即可，饮汤吃鸭肉。

滋阴降压、扩张血管

桂枝红枣猪心汤

材料

桂枝 5 克，党参、杜仲各 10 克，红枣 6 颗，猪心半个，盐适量

做法

❶ 将猪心挤去血水，放入沸水中氽烫，捞出冲洗净，切片。

❷ 桂枝、党参、红枣、杜仲分别洗净，放入锅中，加适量水，以大火煮开，转小火煮 30 分钟。

❸ 再转中火煮至汤汁沸腾，放入猪心片，待水再开，加盐调味即可。

小贴士

本品具有辛温散寒、宣通心阳的功效，适合寒凝心脉型的冠心病患者食用。红枣还具有补血、养心的作用，常食对身体大有裨益。

苦瓜海带瘦肉汤

材料

苦瓜 100 克，海带 50 克，猪瘦肉 200 克，盐、味精各适量

做法

❶ 将苦瓜洗净，切成两半，挖去瓤，切块；海带浸泡 1 小时，洗净切丝；猪瘦肉洗净，切成小块。

❷ 把苦瓜、猪瘦肉、海带放入砂锅中，加适量清水，煲至猪瘦肉熟烂。

❸ 调入适量的盐、味精即可。

小贴士

本品具有清热解毒、滋阴、利尿的功效，适合高血压患者食用。苦瓜性味寒苦，能利尿、降压、降脂；海带能滋阴散结。本品对改善高血压患者的不适症状很有好处。

三七郁金炖乌鸡

材料

三七6克，郁金9克，乌鸡200克，盐3克，生姜、葱、蒜各适量

做法

1. 三七切小粒，郁金洗净；乌鸡洗净切块；蒜、生姜均洗净切片；葱洗净切段。
2. 乌鸡放入蒸锅内，加入生姜片、葱、蒜，在鸡身上抹匀盐，把三七、郁金放入，注入清水300毫升。
3. 把蒸锅置蒸笼内，用大火蒸50分钟即成。

小贴士

本品适合冠心病、高血压等患者食用。三七可用于治疗冠心病、心绞痛等；郁金味苦，性寒，有活血止痛、行气解郁的功效；乌鸡则可滋养肝肾、益气养血。

天麻枸杞子鱼头汤

材料

天麻10克，枸杞子15克，三文鱼头1个，西蓝花150克，蘑菇3朵，盐2克

做法

1. 鱼头去鳃，洗净；西蓝花撕去梗上的硬朵，洗净后切小朵；蘑菇洗净，对切。
2. 将天麻、枸杞子以适量水熬至剩2/3水左右，放入鱼头煮至将熟。
3. 加入西蓝花、蘑菇，煮熟后加盐调味。

小贴士

本品具有平肝疏风、化痰熄风、止晕止眩等功效，适合肝阳上亢以及痰湿阻逆型高血压患者食用。西蓝花含有非常丰富的维生素C，能增强肝脏的解毒能力，从而提高机体免疫力，其含有的类黄酮物质，对心脏病也有改善和预防的功效。

补益肝肾、降低血压

杜仲核桃兔肉汤

材料

杜仲、核桃仁各 30 克，兔肉 200 克，生姜 2 片，盐 2 克

做法

❶ 兔肉洗净，斩块。

❷ 杜仲、生姜分别洗净；核桃仁用开水烫去外皮。

❸ 把兔肉、杜仲、核桃仁放入锅内，加清水适量，放入生姜片，大火煮沸后转小火煲 2 ~ 3 小时，调入盐即可。

西瓜皮鹌鹑汤

材料

西瓜皮 200 克，鹌鹑 150 克，盐、生姜各 2 克，香菜、枸杞子、清汤、胡萝卜丝各适量

做法

❶ 将西瓜皮洗净去除硬皮，切片；鹌鹑洗净斩块；将生姜洗净切片备用。

❷ 净锅上火倒入清汤，调入盐，下入西瓜皮、鹌鹑、生姜片、胡萝卜丝。

❸ 小火煲至熟，撒上香菜和枸杞子即可。

利尿降压

补气健脾、养心安神

黄芪山药乌鸡汤

材料

乌鸡 200 克，黄芪、桂圆、干山药各 20 克，枸杞子 15 克，盐 2 克

做法

❶ 乌鸡洗净，斩块，汆烫；黄芪洗净，切开；桂圆洗净，去壳去核；干山药洗净；枸杞子洗净，浸泡。

❷ 将乌鸡、黄芪、桂圆、山药、枸杞子放入锅中，加适量清水小火炖 2 小时。

❸ 加入盐即可食用。

干贝蒸水蛋

材料

干贝、葱花各 10 克，鸡蛋 3 个，盐 2 克，白糖 1 克，淀粉 5 克，香油适量

做法

❶ 鸡蛋在碗里打散，加入干贝和除香油外的所有调料搅匀。

❷ 将鸡蛋放在锅里隔水蒸 12 分钟，至鸡蛋凝结取出。

❸ 蒸好的鸡蛋撒上葱花，再淋上香油即可。

滋补虚损、益智健脑

健脾和胃、利尿降压

胡萝卜山药鲫鱼汤

材料

胡萝卜 150 克，干山药 60 克，鲫鱼 1 条，盐 2 克，味精 1 克，食用油适量

做法

❶ 鲫鱼洗净；胡萝卜洗净切块。

❷ 油锅烧热，下入鲫鱼煎至两面金黄。

❸ 将鲫鱼、胡萝卜块、干山药放入锅中，加适量水，以大火煮开，转用小火煲 20 分钟，加盐、味精调味即可。

熟地黄炖甲鱼

材料

熟地黄 30 克，甲鱼 250 克，枸杞子 30 克，红枣 10 颗，盐、味精各适量

做法

❶ 甲鱼宰杀后洗净。

❷ 枸杞子、熟地黄、红枣洗净。

❸ 将甲鱼、枸杞子、熟地黄、红枣放入锅内，加开水适量，以小火炖 2 小时，加盐和味精调味即可。

滋阴安神、补益肝肾

百合红枣鸽肉汤

材料

水发百合 25 克，红枣 4 颗，鸽子 200 克，盐 2 克，葱花、生姜片各 2 克

做法

❶ 将鸽子宰杀洗净，斩块氽烫；水发百合、红枣均洗净备用。

❷ 净锅上火倒入水，调入盐、葱花、生姜片，下入鸽子、水发百合、红枣，大火烧开后，转小火煲至熟即可。

小贴士

本品具有益气养血、宁心安神的功效，适合气血两虚型的心律失常患者食用。从中医上来讲，百合具有养心安神、润肺止咳的功效，对病后虚弱的人来说也大有裨益。

菠菜鸡肝汤

材料

菠菜 100 克，鸡肝 60 克，盐 4 克，香油 5 毫升，枸杞子适量

做法

❶ 将菠菜洗净切段，焯水。

❷ 鸡肝洗净切片，氽烫备用。

❸ 净锅上火倒入水，调入盐，下入菠菜、枸杞子、鸡肝，先用大火烧开，转小火煲半小时，最后淋入香油即可。

小贴士

本品具有补肝养血的功效，适合肝血虚型的心律失常患者食用。鸡肝中铁质非常丰富，具有很强的补血功效，维生素 A 的含量极其丰富，能保护眼睛，维持正常视力，防止眼睛干涩、疲劳。

何首乌炒猪肝

材料

何首乌、当归各 15 克，猪肝 300 克，韭菜花 250 克，盐、淀粉、食用油各适量

做法

❶ 猪肝用清水洗净，氽烫去腥，捞出切成薄片，备用。

❷ 韭菜花洗净切小段；将何首乌、当归放入清水中煮沸，转小火续煮 10 分钟后熄火，滤去药汁后与淀粉混合均匀。

❸ 油锅烧热，下猪肝、何首乌、当归、韭菜花翻炒至熟，用芡汁勾芡，加盐调味即可。

小贴士

　　本品可补血养血、补益肾阳、补肾益精，适合阴阳两虚型的高血压患者食用。

腐竹黑木耳瘦肉汤

材料

腐竹 50 克，水发黑木耳 30 克，猪瘦肉 100 克，食用油 10 毫升，盐、味精、香油、红椒丝、香菜各适量，葱花 5 克

做法

❶ 将猪瘦肉洗净切丝、氽烫；腐竹用温水泡开，切小段；黑木耳洗净，撕成小块备用。

❷ 净锅上火倒入食用油，将葱花爆香，倒入水，下入猪瘦肉丝、腐竹、黑木耳、红椒丝，调入盐、味精烧沸，淋入香油，撒上香菜即可。

小贴士

　　本品具有润肠通便、降压降脂的功效，适合合并肥胖的高血压患者食用。黑木耳的营养非常丰富，质地脆嫩，非常适合小儿和老年人食用。

活血化淤、止血止痛

三七煮鸡蛋

材料

三七5克，鸡蛋2个，盐3克，香油、葱花各适量

做法

1. 将三七用清水洗净，备用。
2. 锅洗净，置于火上，将三七放入锅中，加入适量清水，煮片刻。
3. 最后打入鸡蛋，煮至熟，再调入盐，淋上香油，撒上少许葱花即可。

艾叶煮鹌鹑

材料

艾叶30克，鹌鹑2只，菟丝子15克，川芎10克，盐、香油各适量

做法

1. 将鹌鹑洗净切块；艾叶、菟丝子、川芎分别用清水洗净。
2. 砂锅中注入清水300毫升，放入艾叶、菟丝子、川芎和鹌鹑，烧开后，捞去浮沫，加入盐。
3. 转小火炖至肉熟烂，淋上香油即可。

温胃散寒、补益肝肾

保护血管、降低血压

南瓜炒洋葱

材料

南瓜、洋葱各100克，盐、砂糖各3克，醋5毫升，生姜丝、蒜末、食用油各少许

做法

1. 南瓜去皮，洗净切块；洋葱洗净，切圈。
2. 锅置火上，加油烧热，先炒香生姜丝、蒜末，再放入洋葱和南瓜翻炒，放少许水焖煮一会儿。
3. 调入盐、醋、砂糖，翻炒均匀即可出锅。

柠檬白菜

材料

柠檬丝、淀粉各 5 克，山东白菜 80 克，海带芽 10 克，红椒丝、盐各 3 克，食用油、葱丝各适量

做法

❶ 海带芽、白菜洗净，放入开水中汆烫至熟。

❷ 起油锅，放入白菜、海带芽、红椒丝炒匀，加柠檬丝，加盐调味，倒入淀粉勾芡，撒上葱丝即可。

利尿降压、降脂排毒

党参枸杞子红枣汤

材料

党参 30 克，枸杞子 10 克，红枣 12 克，砂糖适量

做法

❶ 将党参洗净，备用。

❷ 将红枣、枸杞子放入清水中浸泡 5 分钟。

❸ 将红枣、枸杞子和党参放入砂锅中，然后放入适量水，以大火煮沸后改用小火煮 10 分钟左右，加入砂糖，喝汤吃枸杞子、红枣。

益气养血、养肝明目

双耳山楂汤

材料

银耳、干黑木耳、山楂片各 10 克，盐适量

做法

❶ 将银耳、干黑木耳分别洗净，泡软，撕成小朵；山楂片洗净备用。

❷ 锅洗净，置于火上，将银耳、黑木耳、山楂片放入锅中。

❸ 注入适量清水煎汤，最后加盐调味即可。

活血化淤、降低血压

香菇豆腐汤

材料

鲜香菇 100 克，豆腐 90 克，水发竹笋 20 克，三棱 5 克，清汤、盐、葱花、红椒末各适量

做法

① 将鲜香菇、豆腐、水发竹笋均洗净，切片，备用。

② 净锅上火倒入清汤，调入盐，下入香菇、豆腐、水发竹笋、三棱煲至熟。

③ 最后撒入葱花、红椒末即可。

小贴士

　　本品具有活血化淤、润肠通便的功效，适合血淤型的高血压患者食用。香菇中含有的香菇多糖等物质，对降低血压起到很好的辅助作用。

丹参三七炖鸡

材料

丹参 30 克，三七 5 克，乌鸡 1 只，盐 5 克，生姜丝适量

做法

① 乌鸡洗净，切块；丹参、三七洗净。

② 三七、丹参装入纱布袋中，扎紧袋口。

③ 布袋与鸡同放于砂锅中，加清水 600 毫升，烧开后，加入生姜丝，转小火炖 1 小时，加盐调味即可。

小贴士

　　本品具有活血化淤、益气养血的功效，适合淤血阻滞型的高血压患者食用。丹参还具有扩张冠状动脉，增加心肌血氧供应的作用，同样适合冠心病患者食用。

白萝卜丹参猪骨汤

材料

白萝卜、胡萝卜各 100 克，丹参 10 克，猪骨 500 克，盐 3 克，葱花 10 克

做法

1. 猪骨洗净，砸开；白萝卜去皮，洗净，切块；胡萝卜洗净，切块；丹参洗净。
2. 猪骨和白萝卜、胡萝卜、丹参放入高压锅内，加适量水，压阀炖 30 分钟。
3. 放盐调味，撒上葱花。

小贴士

本品适合高血压等心脑血管疾病患者食用。白萝卜具有辅助降血压的作用；丹参可以促进血液循环，防止血栓的形成。

泽泻红豆鲫鱼汤

材料

泽泻 15 克，红豆 30 克，鲫鱼 1 条

做法

1. 将鲫鱼处理干净；红豆洗净，泡发；泽泻洗净，装入棉布袋中，扎紧袋口。
2. 将鲫鱼、红豆和药袋一起放入锅内，加入 1500~2000 毫升水清炖。
3. 炖至鱼熟豆烂，捞出药袋丢弃即可。

小贴士

本品适合脾虚湿盛的高血压患者食用。泽泻有轻微的利尿降压作用；鲫鱼的营养十分丰富，可以补中益气、滋养身体、利尿降压。

芹菜金针菇田螺汤

材料
芹菜 100 克，金针菇 50 克，田螺适量，猪瘦肉 200 克，盐 2 克，鸡精 1 克

做法
❶ 猪瘦肉洗净，切块；金针菇洗净，浸泡；芹菜洗净，切段；田螺洗净，取肉。
❷ 猪瘦肉、田螺肉放入沸水中汆去血水。
❸ 锅中注水烧沸，放入猪瘦肉、金针菇、芹菜、田螺肉慢炖 2.5 小时，加入盐和鸡精调味即可。

小贴士
　　芹菜具有很好的降压作用；金针菇不仅能降低血压，还能预防和辅助治疗肝脏病、消化性溃疡、心脑血管疾病等。

香菇花生牡蛎汤

材料
干香菇 25 克，花生仁 40 克，生牡蛎 100 克，猪瘦肉 200 克，食用油 10 毫升，生姜 2 片，盐 3 克

做法
❶ 干香菇剪去蒂，洗净泡发；花生仁洗净；牡蛎洗净，汆烫；猪瘦肉洗净、切块。
❷ 炒锅下食用油、牡蛎、生姜片，将牡蛎爆炒至微黄。
❸ 将 2000 毫升水放入瓦锅内，煮沸后放入香菇、花生碎、牡蛎、猪瘦肉，大火煮沸后改小火煲 3 小时，加盐调味即可。

小贴士
　　本品可滋阴潜阳、安神定惊，适合肝阳上亢型的心律失常患者食用。牡蛎入锅之前最好先用清水浸泡，清洗净泥沙。

菊花枸杞子绿豆汤

材料

菊花 8 克，枸杞子 10 克，绿豆 120 克，红枣 20 克，高汤适量，红糖 8 克

做法

❶ 将绿豆淘洗干净；枸杞子、菊花用温水洗净备用；红枣洗净备用。

❷ 净锅上火倒入高汤烧开，下入绿豆煮至快熟时，再下入枸杞子、菊花、红枣煲至熟透。

❸ 调入红糖搅匀即可。

小贴士

　　本品具有清热利尿、平肝疏风的功效，适合肝阳上亢型的高血压患者食用。菊花具有清热的功效，且味道清香，入汤或作茶饮，口感一样清甜。

苹果西瓜汤

材料

苹果 100 克，西瓜 200 克，砂糖 50 克，淀粉 10 克，香菜少许

做法

❶ 将西瓜洗净，取一半做西瓜盅，另一半去皮切小丁；苹果洗净，去皮切小丁备用。

❷ 净锅上火倒入水，调入砂糖烧沸。

❸ 加入西瓜丁、苹果丁，用淀粉勾芡，倒入做好的西瓜盅内，撒上香菜即可。

小贴士

　　本品可清热利尿、降脂降压、生津解暑，适合伴有便秘、小便不利的高血压患者食用。西瓜有清热解暑、生津止渴、利尿除烦的功效，有助于治疗胸膈满闷不舒、浮肿腹胀、口干口渴等症。

山药薏米白菜粥

材料

山药、薏米各 20 克，白菜 30 克，大米 70 克，盐 2 克，枸杞子适量

做法

❶ 大米、薏米均泡发洗净；山药、枸杞子洗净；白菜洗净，切丝。

❷ 锅置火上，倒入清水，放入大米、薏米、枸杞子、山药，以大火煮开。

❸ 加入白菜煮至浓稠状，调入盐拌匀即可。

小贴士

　　本品具有健脾化湿、益气和胃的功效，适合痰湿逆阻型的高血压患者食用。山药有滋养强壮、助消化、敛虚汗、止泻的功效，用于治疗肺虚咳嗽、消渴、小便短频等症。

核桃莲子黑米粥

材料

核桃仁、莲子各适量，黑米 80 克，砂糖 4 克

做法

❶ 黑米泡发洗净；莲子去心洗净；核桃仁洗净备用。

❷ 锅置火上，倒入适量清水，放入黑米、莲子煮开。

❸ 加入核桃仁同煮至浓稠状，调入砂糖拌匀即可。

小贴士

　　本品具有滋阴补肾、养心安神的功效，适合心肾不交型的心律失常患者食用。莲子心所富含的生物碱具有很好的强心作用，还有较强的抗心律不齐的作用，它与灵芝搭配食用可以辅助治疗失眠。

人参白术茯苓粥

材料

人参 10 克，白术、茯苓各 15 克，红枣 3 颗，薏米适量，甘草 5 克，盐少许

做法

❶ 将红枣、薏米洗净；红枣去核。

❷ 将白术、人参、茯苓、甘草洗净，煎取药汁 200 毫升；锅中加入薏米、红枣，以大火煮开，加入药汁，再转入小火熬煮成粥，加入盐调味即可。

小贴士

　　本品具有振奋心阳、利水渗湿、宁心安神的功效，适合水饮凌心型的心律失常患者食用。薏米的根中所含的薏米醇，有降压、利尿、解热的效果，适用于高血压、尿路结石等症。

丹参山楂大米粥

材料

丹参 20 克，山楂片 30 克，大米 100 克，冰糖 5 克，葱花少许

做法

❶ 大米洗净，放入水中浸泡；山楂片用温水泡后洗净。

❷ 丹参洗净，用纱布袋装好扎紧封口，放入锅中加清水熬汁。

❸ 锅置火上，放入大米煮至七成熟，放入山楂片，倒入丹参汁煮至粥将成，放冰糖调匀，撒上葱花即可。

小贴士

　　此粥有活血化淤、降压降脂、消食化积的功效，适于淤血阻滞型高血压患者食用。山楂还具有降血脂、降血压、消积化食等功效。

山药白扁豆粥

材料

山药、白扁豆各 50 克，莱菔子、泽泻各 10 克，大米 100 克，盐、葱各适量

做法

❶ 白扁豆、莱菔子、泽泻均洗净；山药去皮洗净，切块；葱洗净切成葱花；大米洗净泡发。

❷ 锅内注水，放入大米、白扁豆、莱菔子、泽泻，用大火煮至米粒绽开，放入山药。

❸ 改用小火煮至粥成、闻到香味时，放入盐调味，撒上葱花即可。

小贴士

此粥可补脾和中、祛湿化痰，可用于痰湿阻逆型高血压患者食用。山药具有滋补敛汗、补益肺肾的功效，可辅助治疗肺虚咳嗽，常食对身体大有裨益。

红花糯米粥

材料

红花、桃仁各 10 克，糯米 100 克，蒲黄 5 克

做法

❶ 将红花、桃仁、糯米洗净；蒲黄用布包起来，扎口备用。

❷ 把红花、桃仁、药包放入净锅中，加水煎煮 30 分钟，捞出药渣和药包。

❸ 锅中再加入糯米煮成粥即可。

小贴士

本品具有活血化淤、通脉止痛的功效，适合心血淤阻型的冠心病患者食用。红花中含有一种叫红花黄色素的物质，有增加冠脉血流量及营养心肌的功效。

柠檬薏米豆浆

材料

柠檬2片，薏米、赤小豆各50克，

做法

❶ 赤小豆、薏米用清水浸泡2～3小时，捞出洗净备用。

❷ 将赤小豆、薏米、柠檬片放入豆浆机中，加水搅打成豆浆并煮沸。

❸ 滤出豆浆，装杯即可。

小贴士

　　本品具有健脾、利水、化湿的功效，适合痰湿壅盛型的高血压患者食用。赤小豆含热量非常低，富含钾、镁、磷、锌、硒等营养成分，是典型的高钾类食物，具有清热解毒、利尿消肿等功效。

红枣柏子仁小米粥

材料

红枣10颗，柏子仁15克，小米100克，砂糖少许

做法

❶ 红枣、小米洗净，分别放入碗内，泡发；柏子仁洗净备用。

❷ 砂锅洗净，置于火上，将红枣、柏子仁、小米放入砂锅内，加水煮沸后转入小火，共煮成粥，至黏稠时，加入砂糖搅拌均匀即可。

小贴士

　　本品补血益气、养心安神，适合心血不足型的心律失常患者食用。红枣具有补血的功效，配合小米煮粥，可以宁心静气。

何首乌泽泻茶

材料

何首乌、泽泻、丹参各 8 克，绿茶 3 克

做法

❶ 何首乌、泽泻、丹参洗净，备用。

❷ 将所有材料放入锅中，加水 500 毫升共煎。

❸ 滤去药渣后即可饮用。

小贴士

本品可滋阴补肾、利水渗湿、活血化淤，适合痰淤阻络、气滞血淤型高血压患者饮用。绿茶具有防癌、降血脂和减肥的功效，茶叶中富含的茶多酚成分，有助于预防心血管疾病；还具有清心除烦、解毒、生津止渴的作用。

人参红枣茶

材料

人参、红茶各 3 克，红枣 25 克

做法

❶ 将人参、红枣（去核）洗干净备用。

❷ 将红枣、人参和红茶一起放入锅中。

❸ 加入适量水煮成茶饮，滤渣即可。

小贴士

本品具有大补元气、补血强身、增强免疫力的功效，适合气血两虚型的心律失常患者饮用。红茶富含黄酮类化合物，能消除自由基，具有抗氧化作用，能够使心肌梗死的发病率降低；红茶还可以帮助胃肠消化、促进食欲，利尿消肿，减轻心脏负担。

山楂玉米须茶

材料

山楂、玉米须、荠菜花各 8 克，蜂蜜适量

做法

❶ 将山楂、荠菜花、玉米须冲洗干净，用纱布包好，扎紧。

❷ 在砂锅中加入 800 毫升水，放入包好的纱布包，水开后再煮 5 分钟。

❸ 去掉纱布包，取汁；待药茶微温时，加入蜂蜜即可饮用。

小贴士

　　本品具有清热利尿、消食化积、活血化淤、降脂瘦身的功效，适合痰淤阻络型高血压患者饮用。玉米须可以降血脂、血压、血糖，水煎玉米须茶饮用，具有很好的利尿降压功效，适于因高血压引起眩晕的患者饮用。

枸杞子菊花饮

材料

枸杞子 10 克，杭菊花 5 克，绿茶包 1 袋

做法

❶ 将枸杞子、杭菊花与绿茶一起放入保温杯中备用。

❷ 冲入沸水 500 毫升，加盖闷 15 分钟。

❸ 滤渣后即可饮用。

小贴士

　　本品具有平肝明目、利尿降压的作用，适合肝阳上亢型高血压患者饮用。枸杞子中含有的枸杞子色素具有提高人体免疫功能、预防肿瘤及预防动脉粥样硬化等作用。另外，枸杞子中的枸杞子多糖也具有抗衰老、抗肿瘤、清除自由基、抗疲劳的功效。

山楂茯苓槐花茶

材料

鲜山楂 4 颗，茯苓 8 克，槐花 6 克，砂糖少许

做法

1. 将新鲜山楂洗净，去核，捣烂备用。
2. 把山楂和茯苓一同放入砂锅中，煮沸 10 分钟左右滤去渣，取汁。
3. 用所制的汁泡槐花 10 分钟，加砂糖少许，放置温凉即可。

小贴士

此茶可活血化淤、健脾渗湿，适合痰淤阻络型以及气滞血淤型冠心病患者饮用。山楂具有降血脂、降血压等功效，同时，山楂也是健脾开胃、消食化滞、活血化淤的常用药物。山楂内的黄酮类化合物牡荆素，也是一种抗癌作用较强的成分。

桂枝二参茶

材料

桂枝、沙参、丹参各 15 克，砂糖少许

做法

1. 将沙参、丹参、桂枝用清水洗净，放入砂锅，加水 1000 毫升，煮至水沸，续煮 15 分钟，取汁倒入茶杯。
2. 加入砂糖，搅匀待温饮用。

小贴士

本品具有活血化淤、通络止痛的功效，适合淤阻血脉型的心律失常患者饮用。丹参中含有的丹参酮对治疗冠心病有良好效果。此外，丹参还可以辅助治疗神经衰弱、关节痛、高脂血症等症。

灵芝玉竹麦门冬茶

材料

灵芝、玉竹、麦门冬各 10 克

做法

❶ 灵芝、玉竹和麦门冬分别用清水洗净，沥干水分，装入棉布袋中备用。

❷ 将装有灵芝、玉竹、麦门冬的棉布袋放入锅中备用。

❸ 加入适量水煮沸后，续煮 10 分钟即可。

小贴士

本品具有益气补虚、滋阴生津的功效，对气阴两虚型心律失常患者有很好的食疗作用。麦门冬具有养阴生津、润肺清心的功效，以水煎服，能辅助治疗冠心病。

柴胡香附茶

材料

柴胡、玫瑰花各 5 克，香附 10 克，冰糖 3 克

做法

❶ 玫瑰花剥瓣，洗净，沥干。

❷ 香附、柴胡以清水冲净，加适量水熬煮约 5 分钟，滤渣，留汁。

❸ 将备好的药汁再烧热，放入玫瑰花瓣，加入冰糖，搅拌均匀，待冰糖全部溶化后，再次搅拌均匀即可。

小贴士

本品具有疏肝理气、活血通络的功效，适合心血淤阻型的冠心病患者饮用。玫瑰初开的花朵及根可入药，有理气、活血、收敛等作用，可用于预防急慢性传染病、更年期综合征等，并可在一定程度上防止致癌物质的产生。

桑葚蓝莓汁

材料

桑葚 100 克，蓝莓 70 克，柠檬汁 30 毫升

做法

❶ 桑葚用水洗净，备用；蓝莓洗净，备用。

❷ 把蓝莓、桑葚、柠檬汁和 100 毫升水放入
果汁机内，搅打均匀，倒入杯中即可。

小贴士

　　本品具有养阴润燥、滋补肝肾的功效，适
合肝肾阴虚型的高血压患者饮用。桑葚具有增
强免疫力的作用，其富含的矿物质，可防止人
体动脉硬化，对贫血、高脂血症、冠心病、神
经衰弱等病症具有辅助疗效。

葡萄苹果汁

材料

葡萄 150 克，红色去皮苹果 1 个，碎冰适量

做法

❶ 葡萄洗净，切片；苹果洗净切块。

❷ 把大部分苹果块，与大部分葡萄片一起榨
成汁。

❸ 碎冰倒在成品上，放上剩余葡萄片和苹果
块作装饰，即可饮用。

小贴士

　　本品具有滋阴养血、补益肝肾的作用，适
合肝肾阴虚型高血压患者饮用。葡萄能很好地
阻止血栓形成，并能降低人体血清胆固醇水平，
清除人体内自由基，因而对预防心脑血管疾病、
延缓衰老有一定作用。

西瓜木瓜汁

材料

西瓜 100 克，木瓜 1/4 个，柠檬 1/8 个，冰水 200 毫升，砂糖 3 克，生姜适量

做法

❶ 将木瓜与西瓜去皮去籽；生姜、柠檬洗净后去皮，将这几种材料以适当大小切块。

❷ 将所有材料放入榨汁机，一起搅打成汁，滤出果肉即可。

小贴士

　　本品具有清热利尿、和胃化湿的功效，十分适合高血压患者饮用。西瓜有很好的利尿作用，对降低血压有一定帮助；柠檬中的维生素 C 还有增强血管韧性的作用。

桑葚黑豆汁

材料

桑葚 50 克，黑豆 150 克

做法

❶ 将桑葚洗净备用；黑豆洗净，用水浸泡约 1 小时至泡软。

❷ 将桑葚与黑豆一起放入豆浆机中，添水搅打煮沸成汁。

❸ 滤出，装杯即可饮用。

小贴士

　　本品具有滋阴生津、滋补肝肾的功效，适合肝肾亏虚型高血压患者饮用。黑豆中富含多种维生素，尤其是维生素 E，有很强的抗氧化作用，对保护血管的韧性也很有帮助。

丹参红花酒

材料

丹参 30 克，红花 20 克，白酒 800 毫升

做法

❶ 将丹参、红花洗净，泡入白酒中。

❷ 约 7 天后即可服用。

❸ 每次取 20 毫升左右，饭前服，酌量饮用。

小贴士

　　本品具有活血化淤、通脉止痛的功效，适合心血淤阻型的冠心病患者饮用。丹参是活血化淤、理气止痛的中药，主要用于治疗心绞痛、高血压、颈椎病以及胸胁疼痛等症。

钩藤白术饮

材料

钩藤 50 克，白术 30 克，冰糖 20 克

做法

❶ 钩藤洗净；白术洗净，加水 300 毫升，小火煎半小时。

❷ 加入钩藤，再煎煮 10 分钟。

❸ 加入冰糖调匀后即可服用。

小贴士

　　本品具有平肝疏风、健脾化湿的功效，适合肝阳上亢型的高血压患者饮用。钩藤具有降血压的功效，同时还可用于治疗头晕、头痛、心悸等症。

PART 5

祛热毒、强筋骨的
保健菜

薄荷水鸭汤

材料

鲜薄荷 100 克，水鸭 250 克，生姜 10 克，盐、鸡精、食用油各适量

做法

1. 水鸭洗净，斩成小块；鲜薄荷洗净，摘取嫩叶；生姜去皮切片。
2. 锅中加水烧沸，下鸭块汆去血水，捞出。
3. 净锅加油烧热，下入生姜片、鸭块炒干水分，加入适量清水煲 30 分钟，再下入薄荷叶、盐、鸡精调匀即可。

小贴士

本品可清热滋阴、利咽爽喉，适合阴虚火旺型慢性咽炎患者食用。薄荷可清凉利咽，用于治疗咽痛、声嘶等症，有很好的缓解作用。

无花果甲鱼汤

材料

无花果 20 克，甲鱼 500 克，西洋参 10 克，红枣 3 颗，生姜 5 克，盐 2 克

做法

1. 将甲鱼洗净，并与适量清水一同放入锅内，煮沸；西洋参、无花果、红枣洗净。
2. 将甲鱼捞出，除去表皮及内脏，冲净。
3. 将 2000 毫升清水放入瓦锅内，煮沸后加入所有材料，大火煮开后，改用小火煲 3 小时即可。

小贴士

无花果具有消肿解毒的功效，可以疏利咽喉，用于辅助治疗咽喉肿痛等症；西洋参则具有滋阴生津之功。

鸡蛋罗汉果粥

材料

鸡蛋1个，罗汉果50克，大米80克，盐2克，味精1克，香油、葱花各适量

做法

❶ 大米淘洗干净，放入清水中浸泡；罗汉果洗净，打碎，再用棉布袋包起来，下入沸水锅中煮至汁浓；鸡蛋煮熟后切小丁。

❷ 锅中注入清水，放入大米煮至米粒开花。

❸ 倒入罗汉果汁，放入鸡蛋，加盐、味精、香油调匀，撒上葱花即可。

小贴士

　　本品可清热利咽、化痰止咳，适合痰热内蕴型慢性咽炎患者食用。罗汉果有清热润肺、止渴生津的功效，对于慢性咽炎，有很好的辅助治疗效果。

麦门冬竹茹茶

材料

麦门冬20克，竹茹10克，三棱8克、冰糖5克

做法

❶ 麦门冬、竹茹洗净备用。

❷ 将麦门冬、竹茹、三棱放入砂锅中，加400毫升清水。

❸ 煮至水剩约250毫升，去渣取汁，再加入冰糖煮至溶化，搅匀即可。

小贴士

　　此茶具有养阴生津、止咳化痰、活血化淤的功效，对痰淤阻滞型的慢性咽炎患者有食疗作用。竹茹具有清热化痰、除烦止呕的功效，常用于治疗痰热咳嗽、胆火挟痰、中风痰迷、舌强不语等症。

橄榄莲子心绿茶

材料

橄榄 4 颗，莲子心、绿茶各 3 克

做法

❶ 取橄榄洗净，去核，捣碎。

❷ 将莲子心与绿茶用沸水冲泡，加盖闷 5 分钟，再放入捣碎的橄榄，搅拌均匀即可饮用。

小贴士

本品有清热泻火、化痰利咽、生津止渴的功效，适合阴虚火旺型慢性咽炎患者饮用。橄榄有利咽化痰的功效，莲子心可清心降火，加上绿茶的清凉，本品十分适合慢性咽炎者饮用。

无花果炖瘦肉

材料

无花果 20 克，猪瘦肉 100 克，太子参 10 克，盐 5 克，味精适量

做法

❶ 太子参略洗；无花果洗净。

❷ 猪瘦肉洗净切片。

❸ 把太子参、无花果、猪瘦肉放入炖盅内，加开水适量，盖好，隔开水炖约 2 小时。

❹ 调入盐、味精即可。

小贴士

本品具有益气生津、利咽消肿的功效，适合咽喉干痛、咽喉肿痛的慢性咽炎患者食用。无花果营养非常丰富，富含多种微量元素和酶类，能抗炎消肿、促进消化，对于咽喉肿胀、消化不良、食欲不振者大有裨益。

黑豆牛蒡炖鸡

材料

黑豆、鲜牛蒡各 30 克，鸡腿 250 克，盐 2 克

做法

① 黑豆淘净，以清水浸泡 30 分钟。

② 鲜牛蒡削皮，洗净，切块；鸡腿洗净剁块，汆烫后捞出。

③ 黑豆、牛蒡先下锅，加适量水煮沸，转小火炖 15 分钟，再下鸡块续炖 20 分钟，待肉熟烂，加盐调味即成。

小贴士

　　本品具有疏风、利咽、散热的功效，适合慢性咽炎患者食用。牛蒡具有清热解毒、疏风利咽、消肿止痛的功效，搭配黑豆和鸡肉熬汤，不仅营养丰富，食疗效果更佳。

石膏绿豆汤

材料

石膏、绿豆各 50 克，知母、金银花各 15 克

做法

❶ 先将绿豆、知母、金银花用清水洗净；绿豆、石膏入锅中，加 1000 毫升水。

❷ 煮至绿豆开裂后，加入知母和金银花。

❸ 再共煎 15 分钟即可。

小贴士

　　本品具有清热、解毒、祛痘的功效，适合面部痤疮的患者饮用。绿豆本身就具有清热解毒、消暑、利尿、祛痘的作用；石膏具有清热泻火、敛疮生肌的功效。

白芷防风青菜粥

材料

白芷、防风各 10 克，青菜叶少许，大米 100 克，盐 2 克

做法

❶ 将大米泡发，洗净；白芷、防风洗净，用温水稍微泡至回软后，捞出沥干水分；青菜叶洗净，备用。

❷ 锅置火上，倒入清水，放入大米，以大火煮至米粒绽开。

❸ 加入白芷、防风同煮至浓稠状，再下入青菜叶稍煮 5 分钟，调入盐拌匀入味即可。

小贴士

　　此粥能祛风解表、祛湿止痒的功效，适合脾虚湿盛型湿疹患者食用。白芷具有燥湿消肿的作用，防风具有祛风胜湿的作用，可以辅助治疗湿疹。

马齿苋薏米陈皮粥

材料

鲜马齿苋 50 克，薏米 30 克，陈皮 6 克，大米 70 克，盐 3 克

做法

1. 大米、薏米均泡发洗净；陈皮洗净，切丝；马齿苋洗净，切丝。
2. 锅置火上，倒入清水，放入薏米、大米，以大火煮开。
3. 加入陈皮、马齿苋煮至浓稠状，调入盐拌匀即可。

小贴士

　　此粥有清热解毒、利湿排脓、消炎抗菌的功效，适合肠胃湿热以及湿毒内蕴的痤疮患者食用。马齿苋具有很好的清热利湿效果，配合煮粥食用，对湿热内蕴之症有很好的食疗效果。

赤芍银耳饮

材料

赤芍、白芍、知母、麦门冬各 15 克，牡丹皮、玄参各 10 克，雪梨 1 个，砂糖 5 克，水发银耳 300 克

做法

1. 将赤芍、白芍、知母、麦门冬、牡丹皮、玄参洗净；雪梨洗净切块，备用。
2. 锅中加入上述药材，加上适量的清水煎煮成药汁。
3. 去渣取汁后，加入梨、水发银耳、砂糖，煮熟即可。

小贴士

　　本品具有清热润燥、凉血解毒的功效，适合血热型痤疮患者食用。牡丹皮、玄参均可凉血、清热、解毒，对皮肤热毒等症很有疗效。

芥蓝黑木耳

材料
芥蓝 200 克，水发黑木耳 80 克，红椒 5 克，盐 3 克，味精 1 克，醋 8 毫升

做法
❶ 芥蓝去皮，洗净，切成小片，入水中焯一下；红椒洗净，切成小片。

❷ 水发黑木耳洗净，摘去蒂，晾干，撕成小片，入开水中烫熟。

❸ 将芥蓝、黑木耳、红椒装盘，淋上盐、味精、醋，搅拌均匀即可。

小贴士
　　本品具有解毒祛风、滋阴润燥的功效，适合血虚风燥型湿疹患者食用。芥蓝具有解毒、祛风、清热的作用；黑木耳可养血驻颜，令人肌肤红润、容光焕发，搭配食用，食疗效果极佳。

芦笋黑木耳炒螺片

材料
芦笋、黑木耳各 100 克，螺肉 250 克，胡萝卜 100 克，高汤、盐、味精、食用油各适量

做法
❶ 螺肉洗净，切成薄片；芦笋洗净切斜段，汆烫；黑木耳洗净、撕成小块；胡萝卜洗净，切斜片。

❷ 锅中倒油烧热，放入螺肉滑炒，加入芦笋、黑木耳、胡萝卜煸炒，再烹入高汤继续翻炒至熟，加入盐、味精调味即成。

小贴士
　　本品具有清热凉血、滋阴润燥的功效，适合血虚风燥型湿疹患者食用。芦笋具有促进机体代谢的作用；螺肉则具有清热滋阴的功效。

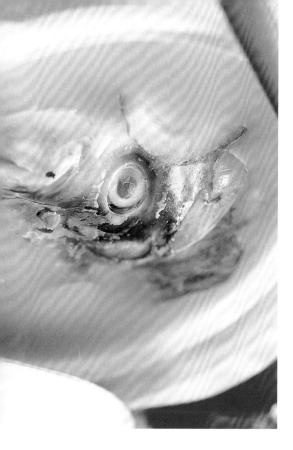

白芷鱼头汤

材料

白芷、川芎各 5 克，鳙鱼头 1 个，生姜 5 片，盐、食用油各适量

做法

❶ 将鱼头洗净，去鳃，起油锅，下鱼头煎至微黄，取出备用；川芎、白芷、生姜洗净备用。

❷ 把鱼头、川芎、白芷、生姜一起放入炖锅内，加适量开水，炖锅加盖，小火隔水炖 2 小时，以盐调味即可。

小贴士

此汤具有祛风止痒、燥湿消肿的功效，适合脾虚湿盛型湿疹患者食用。白芷具有祛风、排脓生肌、消肿止痛等作用，是治疗皮肤病的常用药物。

双豆牛蛙汤

材料

赤小豆、白扁豆各 30 克，牛蛙 200 克，毛瓜 200 克，陈皮 10 克，盐、生抽、食用油、淀粉各适量

做法

❶ 盐、生抽、食用油、淀粉拌成腌料；牛蛙洗净斩块，用腌料腌渍。

❷ 毛瓜洗净切块；赤小豆、白扁豆和陈皮洗净。

❸ 锅内加适量水，放入所有材料烧开，转小火煮半小时即可。

小贴士

本品可清热解毒、健脾利湿，适合脾虚湿盛、湿毒浸淫型痤疮患者食用。白扁豆有和中化湿、消炎抗菌的作用；赤小豆具有利水消肿、解毒排脓的功效。

京酱豆腐

材料

猪绞肉 100 克，豆腐 100 克，水发黑木耳、去皮马蹄各 60 克，赤芍、牡丹皮各 10 克，栀子 5 克，甜面酱、食用油、盐各适量

做法

❶ 将赤芍、牡丹皮、栀子煎取药汁备用。

❷ 猪绞肉用甜面酱腌渍 10 分钟；水发黑木耳、去皮马蹄和豆腐洗净切丁。

❸ 油锅烧热，放入猪绞肉、黑木耳、马蹄和豆腐翻炒片刻，加入药汁及盐，收汁即可。

小贴士

　　本品可清热凉血、滋阴润燥，适合血热风燥型的皮肤瘙痒患者食用。豆腐含有丰富的优质蛋白质，不但营养丰富，还具有益气宽中、生津润燥、清热解毒的功效。

凉拌茼蒿

材料

茼蒿 200 克，红椒 10 克，蒜末 50 克，鸡精 1 克，盐 3 克，食用油适量

做法

❶ 将茼蒿洗净，切成长段，入沸水锅中焯水，捞出沥干水分，装盘待用；红椒洗净，切丝。

❷ 锅中注油烧热，下入红椒和蒜末爆香，倒在茼蒿上，加盐和鸡精搅拌均匀即可。

小贴士

　　本品具有温胃散寒、杀菌解毒的功效，适合风寒外袭型皮肤瘙痒患者食用。茼蒿中维生素 A 含量丰富，与蛋类同炒可以提高维生素 A 的吸收率。

土茯苓绿豆汤

材料

土茯苓、地肤子、黄柏、山楂、车前子各15克，绿豆150克，红糖适量

做法

❶ 将土茯苓、地肤子、黄柏、山楂、车前子分别洗净，沥水；绿豆洗净，泡发备用。

❷ 土茯苓、地肤子、黄柏、山楂、车前子加水煮开，转入小火熬20分钟，滤取药汁。

❸ 药汁和泡好的绿豆一同放入锅中煮烂，加适量红糖即可。

小贴士

本品可清热解毒、燥湿止痒、消炎杀菌，适合湿毒浸淫型湿疹患者食用。绿豆有很好的清热、祛湿效果，多食对湿疹、痤疮等症具有很好的辅助治疗效果。

猴头菇螺肉汤

材料

猴头菇50克，田螺肉150克，龙骨、猪瘦肉各100克，桃仁、丹参、鱼腥草、半夏各10克，盐2克

做法

❶ 将猴头菇、猪瘦肉均洗净切片；龙骨洗净斩段；田螺肉用盐搓洗干净。

❷ 将桃仁、丹参、鱼腥草、半夏装入纱布袋扎紧；与猪瘦肉、龙骨、田螺肉、猴头菇一起入锅，加水适量，用小火煲2小时，汤成后取出药袋，调入盐即可。

小贴士

本品可凉血活血、清热化痰，适合血淤痰凝型的痤疮患者食用。猴头菇营养丰富，含有丰富的蛋白质，对修复皮肤炎症很有效果。

生地黄茯苓饮

材料
生地黄 20 克，茯苓 15 克

做法
❶ 将生地黄、茯苓分别洗净，放入锅中，加水 400 毫升。
❷ 大火煮开后，转小火续煮 5 分钟即可关火。
❸ 滤去药渣，将药汁倒入杯中即可饮用。

小贴士
　　本品具有清热凉血、利水渗湿的功效，适合血热风燥以及湿毒内蕴型皮肤瘙痒的患者饮用。生地黄具有清热、凉血、生津之功效，常用于治疗温热病、神昏壮热、口干舌绛等症。

橙子节瓜薏米汤

材料
橙子 1 个，节瓜 125 克，薏米 30 克，盐、葱花各少许，砂糖 3 克

做法
❶ 将橙子洗净切丁；节瓜洗干净，去皮、去籽，切丁；薏米淘洗净备用。
❷ 汤锅上火，倒入水，下入橙子、节瓜、薏米煲至熟，调入盐、砂糖，撒上葱花即可。

小贴士
　　本品具有清热利尿、排脓消肿的功效，适合各个证型的痤疮患者食用。橙子中含量丰富的维生素 C 和维生素 P，能增加机体抵抗力，增加毛细血管的弹性，降低血中胆固醇含量，还有美白护肤的作用。高脂血症、高血压、皮肤黯哑、动脉硬化者常食橙子，都很有益处。

芦荟炒苦瓜

材料

芦荟200克，苦瓜200克，盐、味精、香油、食用油各适量

做法

❶ 芦荟去皮，洗净切成条；苦瓜去瓤，洗净，切成条，做焯水处理。

❷ 炒锅加油烧热，放苦瓜条煸炒，再加入芦荟条、盐、味精一起翻炒。

❸ 炒至断生，淋上香油即可。

小贴士

　　本品具有清热解毒、利湿止痒的功效，适合湿毒内蕴型湿疹患者食用。芦荟具有杀菌、抗炎、湿润美容等作用，是治疗皮肤疾病的天然药物。

银鱼高汤马齿苋

材料

银鱼100克，马齿苋200克，盐3克，味精1克，高汤适量

做法

❶ 马齿苋洗净；银鱼洗净。

❷ 将洗净的马齿苋下入沸水中稍氽后，捞出装入碗中。

❸ 将银鱼炒熟，加入高汤、盐、味精拌匀，淋在马齿苋上即可。

小贴士

　　本品具有清热利湿、祛湿止痒的功效，适合湿热浸淫型的湿疹患者食用。马齿苋具有清热利湿、解毒消肿、消炎抗菌等功效。

解肌、退热、透疹

红豆葛根猪骨汤

材料
红豆50克，葛根100克，猪骨200克，盐2克，味精1克，生姜适量

做法
❶ 葛根去皮洗净，切滚刀块；猪骨洗净斩块；生姜去皮切片。
❷ 锅中注水烧开，放入猪骨、葛根氽烫，捞出，沥干水分。
❸ 猪骨、葛根放入锅中，加入适量水煮开，入红豆续煮1小时，加盐和味精调味即可。

苦瓜汤

材料
苦瓜150克，盐适量

做法
❶ 苦瓜洗净，去瓤，切成小块状，备用。
❷ 净锅上火，加入适量水，用大火煮开。
❸ 放入苦瓜煮成汤，待苦瓜变软、汤的苦味变浓，再调入盐即可。

清热、泻火、祛痘

苍术蔬菜汤

材料
苍术、白术各10克，白萝卜100克，西红柿150克，玉米笋、绿豆芽各50克，盐3克

做法
❶ 白术、苍术均洗净，煎取药汁备用。
❷ 白萝卜去皮，洗净切丝；西红柿、玉米笋洗净切片；绿豆芽洗净，去根须。
❸ 药汁放入锅中，加入全部蔬菜煮熟，放入盐调味即可食用。

清热、燥湿、止痒

金针菇拌茭白

材料

金针菇 150 克，茭白 350 克，水发黑木耳丝 50 克，生姜丝、红椒丝、香菜、盐、食用油各适量

做法

❶ 茭白洗净切丝，入沸水中焯烫，捞出。

❷ 金针菇洗净；香菜洗净切段。

❸ 油锅烧热，爆香生姜丝、红椒丝，放入茭白丝、金针菇、黑木耳炒匀，最后加盐调味，撒上香菜即可。

清热、利湿、润燥

祛风除湿、补血止痒

菟丝子烩鳝鱼

材料

菟丝子、干地黄各 15 克，鳝鱼 250 克，竹笋 50 克，盐 3 克，酱油、淀粉、蛋清、食用油各适量

做法

❶ 将菟丝子、干地黄洗净，煎 2 次，取汁。

❷ 鳝鱼洗净切片，加水、淀粉、蛋清、盐腌好。

❸ 炒锅加油烧热，下入鳝鱼滑炒，再放入竹笋，炒至将熟时，倒入药汁，再放入盐、酱油调味即可。

黄花菜马齿苋汤

材料

干黄花菜、鲜马齿苋各 50 克，盐适量

做法

❶ 将黄花菜、马齿苋洗净，黄花菜浸泡片刻备用。

❷ 把黄花菜、马齿苋放入锅中，加入适量水煮成汤。

❸ 加盐调味即可。

清热利湿、凉血止痒

荆芥白芷防风饮

材料

荆芥 15 克，白芷、防风各 10 克

做法

❶ 将荆芥、白芷、防风分别洗净，放入锅中，加水 500 毫升。

❷ 用大火煮开后，转小火续煮 5 分钟即可关火。

❸ 滤去药渣，将药汁倒入杯中即可饮用。

小贴士

本品具有发散风寒、祛风止痒的功效，适合风寒外袭型皮肤瘙痒的患者饮用。白芷用于治疗头痛、牙痛、三叉神经痛等症，具有很好的疗效。

黄芩生地黄连翘饮

材料

黄芩 15 克，生地黄、连翘各 10 克

做法

❶ 将黄芩、生地黄、连翘分别洗净，放入锅中，加水 500 毫升。

❷ 用大火煮开后，转小火续煮 5 分钟即可关火。

❸ 滤去药渣，将药汁倒入杯中即可饮用。

小贴士

本品具有清热利湿、凉血解毒的功效，适合湿毒内蕴型皮肤瘙痒的患者饮用。黄芩具有清热燥湿、泻火解毒的功效，主治温热病、肺热咳嗽、湿热黄疸等症。

金银花白菊饮

材料

金银花、白菊花各 10 克，冰糖适量

做法

❶ 将金银花、白菊花分别洗净备用。

❷ 砂锅洗净，加入清水 600 毫升，用大火煮沸倒入银花和白菊花，再次煮开后，转小火慢慢熬煮，待花香四溢时加入冰糖。

❸ 至冰糖溶化后，搅拌均匀即可饮用。

小贴士

　　本品具有清热解毒、疏风散热的功效，适合肺经风热、热毒内蕴型痤疮患者饮用。金银花和白菊花都有清热祛火的作用，用来泡水喝，可以辅助治疗痤疮。

牛蒡子连翘饮

材料

牛蒡子、连翘各 15 克，山楂、荷叶、甘草各 8 克

做法

❶ 用纱布将所有材料包好，放入清水中浸泡清洗后备用。

❷ 在砂锅中加入 800 毫升水，放入包好的纱布包，水开后再煮 5 分钟。

❸ 去纱布包，取汁即可饮用。

小贴士

　　本品具有发散风热、清热解毒的功效，适合肺经风热型、热毒内蕴型痤疮患者饮用。牛蒡子不但利咽，还具有祛风散热的功效，搭配其他药材，可以很好地辅助治疗痤疮。

姜黄豆芽汤

材料

姜黄 10 克，黄豆芽 250 克，食用油适量，盐 2 克

做法

❶ 将黄豆芽、姜黄洗净。

❷ 将姜黄放入砂锅内，煎汁去渣。

❸ 放入黄豆芽、食用油同煮，熟后加盐调味即可。

小贴士

　　本品能行气活血、温经通络、宣痹止痛，适合气滞血淤型肩周炎患者食用。

薏米桑枝水蛇汤

材料

薏米 30 克，桑枝、鸡血藤各 15 克，水蛇 500 克，蜜枣 3 颗，盐 2 克

做法

❶ 桑枝、鸡血藤、薏米、蜜枣洗净。

❷ 水蛇去头、皮、内脏，切块，洗净后汆烫。

❸ 将清水 2000 毫升放入瓦锅内，煮沸后加入桑枝、鸡血藤、薏米、蜜枣、水蛇，先用大火煲开后，再改用小火煲 3 小时，加盐调味即可。

小贴士

　　本品可清热祛风、利湿通络、活血止痛，适用于风湿热痹引起的周身酸楚疼痛、四肢麻木及关节疼痛肿胀、四肢浮肿、脚气等症。

丹参桃红乌鸡汤

材料

丹参 15 克，桃仁 5 克，红枣 10 颗，红花 2.5 克，乌鸡腿 1 只，盐 2 克

做法

❶ 将红花、桃仁装在棉布袋内，扎紧。

❷ 将鸡腿洗净剁块，氽烫后捞出。

❸ 将红枣、丹参冲净。

❹ 将所有材料盛入锅中，加适量水煮沸后，转小火炖约 20 分钟，待鸡肉熟烂即可。

小贴士

本品具有活血化淤、益气补虚的功效。丹参具有祛淤止痛、活血通经的作用；桃仁具有活血化淤、排脓的功效，可用于关节疼痛、跌打损伤等症。

枸杞子水蛇汤

材料

枸杞子 30 克，水蛇 250 克，油菜 30 克，高汤适量，盐 2 克

做法

❶ 将水蛇处理干净切片，氽烫待用；枸杞子洗净；油菜洗净。

❷ 净锅上火倒入高汤，下入水蛇、枸杞子，煲至熟时下入油菜稍煮，调入盐即可。

小贴士

本品具有清热滋阴、祛风通络、消炎镇痛等功效，适合肝肾两虚以及风湿热痹型风湿性关节炎患者食用。

健脾补肾、强筋壮骨

板栗排骨汤

材料

板栗100克，排骨300克，胡萝卜1根，盐3克

做法

❶ 将板栗剥去壳后，放入沸水中煮熟，备用；排骨洗净，放入沸水中氽烫，捞出备用；胡萝卜削去皮、冲净，切成小方块。

❷ 将上述材料放入锅中，加水至盖过材料，大火煮开后，改用小火煮约30分钟。

❸ 煮好后加入盐调味即可。

杜仲桑枝煨鸡

材料

杜仲、桑枝各20克，鸡翅200克，黄芪、枸杞子各10克，竹笋70克，生姜5片，葱花4克，食用油、酱油、米酒各适量

做法

❶ 黄芪、枸杞子、桑枝、杜仲煎汁备用。

❷ 竹笋洗净切段；鸡翅洗净切块。

❸ 锅中下油烧热，入葱花、生姜爆香，再下鸡翅、竹笋、药汁、酱油、米酒，加水焖煮至熟烂即可。

祛风湿、补肝肾

冬瓜薏米兔肉汤

材料

冬瓜250克，薏米30克，兔肉200克，生姜5片，盐2克

做法

❶ 将冬瓜去瓤，洗净，切块；薏米洗净；兔肉洗净，切块，用开水氽去血水。

❷ 把生姜片及上述材料一起放入锅内，加适量清水。

❸ 大火煮沸后，改小火煲2小时，调入盐即可。

清热、解毒、祛湿

黄豆炖鸭

材料

黄豆 200 克，鸭半只，黄芪、白术各 15 克，
生姜片 5 克，高汤 750 毫升，盐适量

做法

1. 将鸭处理干净，斩块；黄豆、黄芪、白术
   均洗净，黄豆泡发 30 分钟备用。
2. 鸭块与黄豆一起放入沸水锅中氽烫。
3. 高汤倒入锅中，放入鸭块、黄豆、生姜片
   黄芪、白术，炖 1 小时左右，加盐调味。

健脾益气、强壮筋骨

补肾助阳、强健筋骨

洋葱炖乳鸽

材料

洋葱 100 克，乳鸽 300 克，生姜、砂糖、盐、
高汤、酱油、食用油各适量

做法

1. 将乳鸽处理干净，切成小块；洋葱洗净，
   切成角状；生姜洗净切丝。
2. 锅中加油烧热，下入乳鸽、生姜丝、洋葱，
   加入高汤用小火炖 20 分钟，放入砂糖、盐、
   酱油，炖至入味后出锅即可。

羌活鸡肉汤

材料

羌活 15 克，鸡肉 150 克，川芎 10 克，红枣 5 颗，
盐 2 克

做法

1. 鸡肉洗净剁块；羌活、川芎洗净，用纱布
   包好，扎紧；红枣洗净。
2. 鸡肉氽烫，捞起冲净。
3. 将以上材料一起放入锅中，加适量水以大
   火煮开，转小火续炖 30 分钟，起锅前捞出
   纱布袋，加盐调味即可。

祛风胜湿、宣痹止痛

牛膝蔬菜鱼丸

材料

鱼丸150克，小白菜、豆腐各适量，牛膝、石膏各15克，盐适量

做法

❶ 将牛膝、石膏洗净，用纱布袋包起来，放进锅里，加水煎汁，取汁备用。

❷ 小白菜洗净，切段；豆腐洗净，切块。

❸ 锅中加适量水，先将鱼丸煮至将熟，再放入小白菜、豆腐煮；大约3分钟，再加入药汁略煮，以盐调味即可。

小贴士

　　本品可补肝肾、强筋骨，对肾精亏虚型骨质疏松症有很好的食疗功效。豆腐中含有丰富的钙质，可以促进骨骼的生长发育。

桑枝鸡翅

材料

桑枝30克，防己12克，鸡翅300克，竹笋60克，盐、食用油适量

做法

❶ 将鸡翅洗净，斩块，放入沸水中氽烫，捞出备用。

❷ 防己、桑枝加水煎汁备用；竹笋洗净，切斜段。

❸ 锅加油烧热，放入鸡翅爆炒，加入竹笋和药汁，待收汁后加盐调味即可。

小贴士

　　本品具有祛湿消肿、活血通络的功效，适合风湿热痹型风湿性关节炎患者食用。桑枝具有祛风湿、利关节的作用，可用于辅助治疗风湿痹痛、肩关节酸痛麻木等症。

锁阳炒虾仁

材料

锁阳 15 克，虾仁 100 克，鲜山楂 10 克，核桃仁 15 克，薄荷叶、生姜、葱、盐、食用油各适量

做法

1. 把锁阳、核桃仁、山楂洗净，山楂切片；虾仁洗净；生姜洗净切片；葱洗净切段。
2. 锁阳放入炖盅内，加水 100 毫升，炖 25 分钟后去渣，留药汁待用。
3. 油锅烧热，加入核桃仁，改用小火炒香，再下入生姜、葱爆香，随即下入虾仁、山楂片、盐、锁阳药汁，炒匀后放上薄荷叶即成。

小贴士

本品可补肾壮阳、强腰壮骨，适合肾阳亏虚型肩周炎患者食用。虾中含有丰富的镁元素，镁对心脏活动具有非常重要的调节作用，能够很好地保护心血管系统；它还可降低血液中胆固醇的含量，防止动脉硬化，同时还能扩张冠状动脉，有利于预防高血压及心肌梗死。虾营养丰富，其蛋白质含量是其他肉质的几十倍，且其肉质松软，易消化，对身体虚弱以及病后调养的人来说是较合适的食物。

骨碎补猪脊骨汤

材料

骨碎补 15 克，猪脊骨 500 克，红枣 4 颗，盐 2 克

做法

❶ 骨碎补洗净，浸泡 1 小时；红枣洗净。

❷ 猪脊骨斩块，洗净，氽烫。

❸ 将 2000 毫升清水放入瓦锅内，煮沸后加入骨碎补、猪脊骨、红枣，大火煲开后，改用小火煲 3 小时，再加盐调味即可。

小贴士

本品具有强筋壮骨、补益肾气的功效，适合各个证型的骨质疏松症患者食用。猪脊骨中含有丰富的钙质，用其熬汤饮用，可以很好地补充钙质、强壮筋骨。

牛大力杜仲汤

材料

牛大力、杜仲、肉苁蓉、牛膝各 10 克，巴戟天、狗脊各 8 克，黑豆 20 克，猪脊骨 250 克，盐适量

做法

❶ 猪脊骨洗净切块，氽烫 3 分钟，盛起。

❷ 黑豆洗净，用清水浸 30 分钟。

❸ 牛大力、杜仲、肉苁蓉、牛膝、巴戟天、狗脊均洗净，加入猪脊骨、黑豆及适量清水，小火煲 2 小时，最后加盐调味即可。

小贴士

本品可补肝肾、强筋骨、壮腰膝，适用于肝肾亏虚、先天不足型骨质疏松症。猪脊骨最好用锤子砸开，再用来煲汤可以最大限度地将营养溶在汤中。

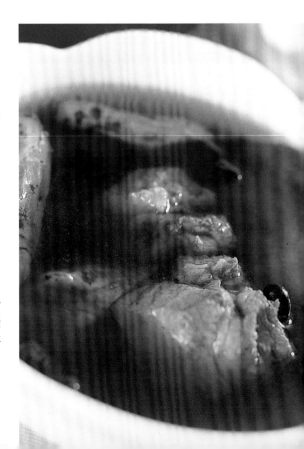

五加皮烧黄鱼

材料

五加皮 10 克，黄鱼 1 条，黄酒、砂糖、醋、盐、淀粉各适量

做法

❶ 黄鱼洗净，两侧切花刀。

❷ 五加皮洗净加水煎煮 2 次，取药汁备用；黄鱼挂淀粉糊，炸至酥脆，放碟中。

❸ 将五加皮药汁倒入炒锅中，加黄酒、砂糖、醋、盐拌炒，至汤汁黏稠透明，浇在鱼身上即可。

小贴士

本品可祛风除湿、通利关节，适用于风湿痹阻型风湿性关节炎。五加皮具有祛风湿、补肝肾、强筋骨、消水肿的作用。

板栗烧鳗鱼

材料

板栗 200 克，鳗鱼 400 克，豌豆荚 50 克，生姜片、葱段、红椒片、盐、酱油、食用油各适量

做法

❶ 鳗鱼洗净切段；豌豆荚洗净，切段后焯烫。

❷ 将鳗鱼入油锅炸至表面金黄；板栗去壳入锅蒸半小时。

❸ 油锅烧热，放入葱段、生姜片、红椒片爆香，淋入酱油，放入鳗鱼、板栗及豌豆荚，小火煮至汤汁收干，调入盐即可。

小贴士

本品可补肝肾、祛风湿、强筋骨，适合肝肾亏虚型肩周炎患者食用。板栗具有益气、补肾、壮腰、强筋的功效。

药汁排骨汤

材料

羌活、独活、川芎、前胡各 15 克，党参、柴胡、茯苓各 10 克，甘草、枳壳、干姜各 5 克，排骨 250 克，盐 4 克

做法

❶ 将除盐与排骨的材料洗净，入锅煎药汁。

❷ 排骨入沸水氽烫，捞起冲净，切块，入炖锅，加入熬好的药汁，再加水至盖过材料。

❸ 大火煮开后，转小火炖约 30 分钟，加盐调味即可。

小贴士

本品可祛风胜湿、宣痹止痛，适用于外感风邪、寒湿痹阻型的风湿性关节炎。羌活可解表散寒、祛风除湿；独活可祛风除湿、宣痹止痛，将二者一起熬汤饮用，食疗效果显著。

板栗土鸡瓦罐汤

材料

板栗 200 克，土鸡 1 只，红枣 5 颗，生姜片 10 克，盐 2 克，鸡精 1 克

做法

❶ 土鸡洗净斩块；板栗剥壳；红枣洗净。

❷ 锅上火，加入适量清水烧沸，放入土鸡氽烫，去血水，备用。

❸ 将土鸡、板栗放入瓦罐里，再放入生姜片、红枣，调入盐、鸡精，用大火烧开，转小火炖 2 小时即可。

小贴士

本品可补肾益气、强筋健骨，适合肾气亏虚型的骨质疏松症患者食用。板栗有健脾养胃、补肾强筋、活血止血之功效，搭配鸡汤，不但营养丰富，食疗效果更佳。

附子生姜煨狗肉

材料

熟附子 10 克，生姜 30 克，狗肉 250 克，盐、料酒、肉桂、花椒、八角各适量

做法

❶ 将狗肉洗净，切块；生姜洗净，切片，备用；熟附子洗净。

❷ 锅中加水煨煮狗肉，煮沸后加入生姜片、熟附子、料酒、肉桂、八角、花椒。

❸ 用中火炖 2 小时左右，加入盐调味即成。

小贴士

本品具有温经通络、散寒止痛的功效，可用于辅助治疗寒湿痹阻型肩周炎，症见肩周冷痛，遇寒痛甚、得温则减等。狗肉有温补肾阳的作用，可以壮阳道、暖腰膝、益气力；附子可补火助阳、散寒止痛，常用于亡阳虚脱、寒湿痹痛等症。

丹参川芎茶

材料

丹参、地龙各 10 克，川芎 8 克，砂糖适量

做法

❶ 丹参、川芎、地龙分别洗净，用清水浸透，切片。

❷ 将川芎、丹参、地龙放入炖锅内，加水 600 毫升。

❸ 炖锅置火上烧沸，改用小火煮 15 分钟，加入砂糖即可。

小贴士

本品可活血祛淤、祛风通络、止痛，适合风湿性关节炎患者饮用。地龙具有通络、熄风的功效，对治疗风湿性关节炎很有好处。

狗脊熟地黄乌鸡汤

材料

狗脊、熟地黄、花生仁各 30 克，乌鸡半只，红枣 6 颗，盐 2 克

做法

❶ 狗脊、熟地黄、花生仁分别洗净；红枣去核，洗净。

❷ 乌鸡去内脏，切块洗净，氽烫。

❸ 将 2000 毫升清水放入瓦锅中，煮沸后放入狗脊、熟地黄、花生仁、红枣、乌鸡，以大火煮开，改用小火煲 3 小时，加盐调味。

小贴士

本品可补肾壮阳、强筋壮骨，适用于肾精亏虚型骨质疏松症。乌鸡具有滋补益气的效果，狗肉可壮阳、强筋、健骨，搭配熬汤，食疗效果更佳。

山药核桃羊肉汤

材料

山药、核桃各适量，羊肉300克，枸杞子10克，盐3克，鸡精1克

做法

❶ 羊肉洗净、切成块，氽烫；山药洗净，去皮切块；核桃取仁洗净；枸杞子洗净。

❷ 锅中放入羊肉、山药、核桃仁、枸杞子，加入清水。

❸ 先用大火烧开，再转小火慢炖至核桃仁变得酥软之后，加入盐和鸡精调味即可。

小贴士

本品具有温阳散寒、健脾益气、补益肾气的功效，适合肾阳虚型的腰椎间盘突出症患者食用。从中医角度来讲，羊肉具有补精血、益虚劳、温中健脾、补肾壮阳等功效。并且羊肉比猪肉和牛肉的脂肪、胆固醇含量都要少，肉质也较细嫩，容易消化吸收，多吃羊肉有助于提高身体免疫力。另外，羊肉中的B族维生素以及铁、锌、硒的含量颇为丰富。注意，阴虚体质患者不可食用本品。

枸杞子羊肉粥

材料

枸杞子 30 克，羊肉 100 克，大米 80 克，生姜 30 克，盐 3 克，味精 1 克，葱花少许

做法

❶ 大米淘净，泡发半小时；羊肉洗净，切片；生姜洗净，去皮，切丝；枸杞子洗净。

❷ 大米入锅，加水以大火煮沸，下入羊肉、枸杞子、生姜丝，转中火熬煮至米粒软烂。

❸ 转小火熬煮成粥，加盐、味精调味，撒上葱花即可。

小贴士

本品可益气补虚、散寒止痛，适合寒邪外侵型风湿性关节炎患者食用。生姜具有散寒止痛的功效，所以本品中生姜的用量较多。

蒜烧鳗鱼

材料

蒜瓣 50 克，鳗鱼 300 克，香菇 100 克，食用油、酱油、料酒、盐、淀粉、葱丝、葱段、生姜片各适量

做法

❶ 将鳗鱼洗净切段，加盐和料酒腌渍入味；蒜去皮洗净；香菇洗净切开。

❷ 油锅烧热，将鳗鱼段稍炸，捞出控油。

❸ 另起油锅，爆香生姜片、葱段，放入香菇、蒜与鳗鱼炒匀，加酱油、盐、淀粉，小火烧熟，撒上葱丝即可。

小贴士

此菜可补益肝肾、祛风除湿，适合肝肾亏虚型风湿性关节炎患者食用。鳗鱼具有补虚养血、祛风湿、强筋壮骨的功效。

桑寄生连翘鸡爪汤

材料

桑寄生 30 克，连翘 15 克，鸡爪 400 克，蜜枣 2 颗，盐 2 克

做法

❶ 桑寄生、连翘、蜜枣洗净。

❷ 鸡爪洗净，去爪甲，斩块，入沸水中汆烫后捞出。

❸ 将 1600 毫升清水放入瓦锅内，煮沸后加入桑寄生、连翘、蜜枣、鸡爪，大火煲开后，改小火煲 2 小时，加盐调味即可。

小贴士

本品具有补肝肾、强筋骨、祛风湿的功效，适合肝肾不足型风湿性关节炎患者食用。桑寄生、连翘可以棉布袋装起来，放入汤中，汤熬好后，直接挑出即可。

牛膝炖猪蹄

材料

牛膝 15 克，猪蹄 1 只，黄酒 80 毫升，盐 2 克，味精 1 克，胡椒粉 1 克

做法

❶ 猪蹄刮净去毛，剖开两边后切成数小块，洗净；牛膝洗净。

❷ 猪蹄、牛膝、黄酒一起放入大炖盅内，加水 500 毫升，隔水炖。

❸ 炖至猪蹄熟烂，去牛膝，下入盐、味精、胡椒粉调匀即可。

小贴士

本品可补气健脾、补肾益精、强筋壮骨，适用于各个证型的骨质疏松症。猪蹄中不仅含有丰富的胶原蛋白，还有丰富的钙质，用来煲汤饮用，营养丰富。

川芎桂枝茶

材料
川芎、丝瓜络各 10 克，桂枝 8 克，冰糖适量

做法
❶ 将川芎、桂枝、丝瓜络用清水洗净，一起放入锅中。

❷ 往锅里加入适量水，煲 20 分钟，加入冰糖搅匀。

❸ 将煮好的茶倒入壶中即可饮用。

小贴士
　　本品具有行气活血、温经散寒、通络的功效，适合寒邪外侵和痰淤痹阻型的风湿性关节炎患者饮用。川芎用于胸胁疼痛、风湿痹痛、症瘕结块、疮疡肿痛、跌扑损伤、产后淤血腹痛等病症，具有活血祛淤的疗效，作用广泛，适用于各种淤血阻滞的病症。

威灵仙牛膝茶

材料
威灵仙 8 克，牛膝 10 克，车前子 5 克，砂糖适量

做法
❶ 将威灵仙、牛膝、车前子洗净，放入茶杯备用。

❷ 将开水倒入杯中冲泡，加盖闷 10 分钟即可。

小贴士
　　本品具有祛风除湿、强筋壮骨、利尿通淋功效，适合湿热痹阻的风湿性关节炎患者饮用。牛膝还能补肾壮骨、强壮腰膝，常服本品，对关节退行性病变的患者也有改善作用。

PART 6

益肾气、化血淤的
保健菜

清热解毒、利尿消肿

草菇扒芥菜

材料

草菇 100 克，芥菜 150 克，蒜 10 克，老抽、盐、食用油各适量

做法

❶ 将芥菜洗净，入沸水中汆熟装盘；草菇洗净沥干，对切；蒜去皮切片。

❷ 油锅烧热，爆香蒜，倒入草菇滑炒片刻，再倒入老抽、少量水烹调片刻，加盐调味，将草菇倒在芥菜上即可。

鸡腿菇扒竹笋

材料

鸡腿菇 50 克，红椒片 20 克，竹笋 50 克，盐、酱油、香油、食用油各适量

做法

❶ 鸡腿菇洗净，泡发，对切；竹笋洗净，切块，放入沸水中，略焯烫，捞出装盘待用。

❷ 油锅烧热，放入鸡腿菇快炒，放盐、酱油，加入红椒，炒熟后淋上香油，倒在装竹笋的盘中即可。

利尿消肿、益胃消食

清热利尿、健脾和胃

胡萝卜炒绿豆芽

材料

胡萝卜、绿豆芽各 100 克，盐 2 克，鸡精 1 克，醋、香油、食用油各适量

做法

❶ 胡萝卜去皮，洗净，切丝；绿豆芽洗净，沥干水分备用。

❷ 锅下油烧热，放入胡萝卜丝、绿豆芽，快炒至八成熟。

❸ 加盐、鸡精、醋、香油翻炒均匀，起锅装盘即可。

酸甜莴笋

材料

莴笋丁 500 克，西红柿 2 个，蒜泥 10 克，柠檬汁 50 毫升，砂糖 10 克，红椒圈、葱丝、盐各适量

做法

❶ 西红柿洗净去皮，切块。

❷ 将蒜泥、柠檬汁、砂糖、盐一起放入碗中调成调味汁，放入冰箱冷藏 8 分钟。

❸ 将莴笋丁、西红柿块放入容器，淋上调味汁拌匀，用红椒圈及葱丝装饰即可。

清热解毒、利水消肿

泽泻薏米瘦肉汤

材料

泽泻 30 克，薏米 10 克，猪瘦肉 60 克，盐 2 克

做法

❶ 猪瘦肉洗净，切块；泽泻、薏米洗净。

❷ 把猪瘦肉、泽泻、薏米放入锅内，加适量清水，大火煮沸后转小火煲 1~2 小时，拣去泽泻，调入盐即可。

健脾祛湿、利尿通淋

鲜车前草猪肚汤

材料

鲜车前草 30 克，猪肚 130 克，薏米、赤小豆各 20 克，蜜枣 1 颗，盐适量

做法

❶ 鲜车前草、薏米、赤小豆洗净；猪肚翻转，用盐反复搓擦，用清水冲净。

❷ 锅中注水烧沸，加入猪肚氽至收缩，捞出切片。

❸ 将砂锅内注入清水，煮开后加入所有材料，以小火煲 2.5 小时即可。

清热利湿、利尿消肿

茯苓鸽子煲

材料

茯苓 30 克，鸽子 300 克，盐 4 克，生姜片 2 克，枸杞子、葱花各适量

做法

❶ 将鸽子宰杀洗净，斩成块，汆烫；茯苓洗净。

❷ 净锅上火倒入水，放入生姜片，下入鸽子、茯苓煲至熟。

❸ 调入盐调味，加入枸杞子和葱花即可。

小贴士

　　本品具有健脾益气、补肾助阳、利水消肿的功效，适合脾虚湿盛型慢性肾炎患者食用。茯苓具有利水渗湿、健脾、宁心的功效，常用于辅助治疗浮肿尿少、惊悸失眠等症。

蛤蜊白菜汤

材料

蛤蜊 150 克，白菜 50 克，香菜 10 克，生姜片、高汤、盐、食用油各适量

做法

❶ 将蛤蜊剖开洗净；白菜洗净，切段；香菜洗净，切段。

❷ 锅上火，加入油烧热，下入蛤蜊煎 2 分钟至腥味去除。

❸ 锅中加入高汤烧沸，下入蛤蜊、白菜、生姜煲 20 分钟，调入盐，撒上香菜即可。

小贴士

　　本品具有清热利湿的功效，适合小便不利的患者食用。白菜具有清热燥湿、利水、消肿的作用；蛤蜊具有滋阴润燥、利尿消肿、软坚散结的作用，二者搭配效果显著。

当归党参母鸡汤

材料

当归、党参各 6 克，母鸡肉 250 克，盐 5 克，生姜片 3 克，青菜叶少许，红椒丝少许

做法

❶ 将母鸡肉洗净，斩块，焯水；当归、党参洗净备用。

❷ 净锅上火倒入水，调入盐、生姜片，下入母鸡、当归、党参、青菜叶煲至熟，撒入红椒丝即可。

小贴士

　　本品具有补气养血、升阳举陷的功效，适合脾气虚弱型子宫脱垂的患者食用。当归对肾脏还有一定的保护作用，能改善肾缺血、肾小管重吸收功能，减轻对肾脏的损害，促进肾小管病变的恢复。

升麻山药排骨汤

材料

升麻 20 克，鲜山药 300 克，小排骨 250 克，白芍 10 克，红枣 10 颗，盐 5 克

做法

❶ 白芍、升麻装入棉布袋系紧；红枣以清水泡软。

❷ 小排骨洗净，切块汆烫；山药去皮，洗净切块。

❸ 将棉布袋、红枣、小排骨、山药一起入锅，加 1600 毫升水烧开，转小火炖 1 小时，取出棉布袋丢弃，加盐调味即可。

小贴士

　　本品可健脾益气、疏肝养血、升阳举陷，适合中气不足型子宫下垂的患者食用。山药用于治疗消渴、小便短频、消化不良、遗精、带下增多等症，具有很好的疗效。

健脾益气、利水消肿

党参黄芪炖牛肉

材料

党参、黄芪各 20 克，牛肉 250 克，升麻 5 克，鸡内金 10 克，生姜片适量，盐 3 克，香油、葱段各适量

做法

❶ 牛肉洗净切块；党参、黄芪、升麻、鸡内金分别洗净，用纱布包好，扎紧。

❷ 药包与牛肉同放于砂锅中，注入适量清水，烧开后，加入生姜片、葱段，炖至肉熟烂，拣出药包，调入盐，淋入香油即可。

党参煲牛蛙

材料

党参、生姜各 10 克，牛蛙 200 克，排骨 50 克，红枣 5 颗，盐 2 克

做法

❶ 牛蛙洗净，切成块；排骨洗净，剁成块；生姜洗净，切片；党参、红枣均洗净。

❷ 瓦锅内注入清水，加入生姜片、牛蛙、排骨、党参、红枣，用中火先煲 30 分钟。

❸ 调入盐，再煲 10 分钟即可。

滋阴清热、利尿通淋

绿豆蛙肉汤

材料

绿豆、海带各 50 克，蛙肉 300 克，盐 3 克，

做法

❶ 蛙肉处理干净，去皮，切成段，汆烫；绿豆洗净，浸泡；海带洗净，浸泡，切片。

❷ 锅中放入蛙肉、绿豆、海带，加入清水，以小火慢炖。

❸ 待绿豆熟烂之后，调入盐即可。

清热解毒、利尿消肿

西瓜绿豆鹌鹑汤

材料

西瓜 100 克，绿豆 50 克，鹌鹑 2 只，生地黄、党参各 10 克，生姜、盐、红枣各适量

做法

① 鹌鹑洗净；生姜洗净切片；西瓜连皮洗净切块；绿豆洗净，浸泡 1 小时；生地黄、党参洗净。

② 将 1800 毫升水放入瓦锅内，煮沸后加入西瓜、绿豆、鹌鹑、生地黄、党参、生姜、红枣，小火煲 2 小时，加盐调味即可。

清热泻火、利尿通淋

豆浆炖羊肉

材料

豆浆 500 毫升，羊肉 500 克，山药 100 克，盐 4 克，生姜丝、葱丝各适量

做法

① 将山药去皮，洗净切片；羊肉洗净切片。

② 将山药、羊肉和豆浆一起倒入锅中，加清水适量，再加入生姜丝，炖 2 小时。

③ 调入盐，撒上葱丝即可。

强肾壮腰、健脾益气

五灵脂鸭汤

材料

五灵脂、延胡索各 5 克，鸭肉 250 克，醋、盐各适量

做法

① 将鸭肉洗净，用适量盐抹一遍腌渍，让咸味渗入鸭肉。

② 五灵脂、延胡索洗净，放入碗内，加适量水，隔水蒸 30 分钟左右，去渣存汁。

③ 将鸭肉放入大盆内，倒上药汁，隔水蒸至鸭熟软，食前滴少许醋调味即可。

活血行气、调经止痛

白茅根莲藕汤

材料
白茅根 150 克，鲜莲藕 200 克，冰糖少许

做法
❶ 将鲜莲藕洗净，用刀连皮切成薄片。

❷ 白茅根洗净，沥水，备用。

❸ 砂锅洗净，倒入适量清水，加入白茅根，以大火烧开，再转入小火，待熬出药味后，加入鲜莲藕煮熟后，加入少许冰糖，搅拌均匀后，滤渣即可。

小贴士
本品可滋阴凉血、利尿通淋、清热利湿，适用于湿热蕴结型慢性前列腺炎。莲藕生用性寒，有清热凉血作用，熟后可健脾止血。莲藕中含有黏液蛋白和膳食纤维，能与人体内胆酸盐、食物中的胆固醇结合，从而减少人体对脂类的吸收。

西红柿豆腐汤

材料
西红柿 100 克，豆腐 100 克，食用油 4 毫升，葱花、淀粉、盐、味精各适量

做法
❶ 将豆腐洗净，切粒；西红柿洗净，入沸水中汆烫后剖皮，切成粒。

❷ 豆腐入碗，加西红柿、盐、味精、淀粉一起拌匀。

❸ 锅加油烧热，倒入豆腐、西红柿，翻炒至香，再炒约 5 分钟，撒上适量葱花即可。

小贴士
本品具有清热、解毒、利尿等功效。西红柿具有清热、利尿、平肝的作用；豆腐能清热润燥、生津止渴，二者搭配食用，食疗效果很好。

白术猪肚粥

材料

白术 30 克，猪肚 100 克，黄芪 15 克，大米 80 克，生姜 6 克，盐适量

做法

❶ 将猪肚翻洗干净，汆熟后切成小块；生姜洗净切片。

❷ 白术、黄芪洗净，一并放入锅中加适量清水，用大火烧沸后，再改用小火煎煮。

❸ 约煮 1 小时后，加入洗净的大米、生姜片、猪肚煮粥，至粥熟后调入盐即可。

小贴士

本品可健脾益气、升阳举陷，适合气虚型的子宫脱垂患者食用。猪肚有补益虚损、健运脾胃的功效，适合气虚、消化不良的人食用。

桃仁海金沙粥

材料

桃仁、海金沙各 15 克，核桃仁 10 个，大米 100 克

做法

❶ 核桃仁、桃仁分别洗净捣碎；海金沙用布包扎好，同放入锅中。

❷ 加水 600 毫升，煮 20 分钟后，去掉海金沙布包，入大米煮粥。

小贴士

本品具有补肾益气、活血化淤、利尿排石，适合气滞血淤型的尿路结石患者食用。海金沙常用于治疗热淋、小便急痛等症，具有很好的效果。

清热利湿、解毒消肿

绿豆马齿苋汤

材料

绿豆 60 克，鲜马齿苋 30 克，冰糖适量

做法

1. 鲜马齿苋、绿豆洗净。
2. 将鲜马齿苋、绿豆放入锅内，加 800 毫升清水，大火煮开后，转用小火煮至绿豆开花。
3. 加入适量冰糖拌匀，即可关火。

补骨脂芡实鸭汤

材料

补骨脂 15 克，芡实 50 克，鸭肉 300 克，盐 4 克

做法

1. 将鸭肉洗净，放入沸水中氽去血水，捞出，备用。
2. 芡实淘洗干净，与补骨脂、鸭肉一起放入锅中，加入适量水，盖过所有的材料。
3. 用大火将汤煮开，再转用小火续炖约 30 分钟，快煮熟时加盐调味即可。

补肾助阳、固肾涩精

活血散淤、补益肝肾

党参杜仲牛膝汤

材料

党参 25 克，炙杜仲、牛膝、当归各 15 克，何首乌、制黄精各 20 克，银耳 50 克，冰糖适量

做法

1. 将除银耳与冰糖的材料洗净，放入锅中，加水，以小火煎 90 分钟。
2. 银耳以温水泡发，去蒂，撕成小朵，加入药汁中。
3. 以小火再煲 60 分钟，加入冰糖即可。

薏米冬瓜皮鲫鱼汤

材料

薏米 30 克，冬瓜皮 60 克，鲫鱼 250 克，生姜 3 片，盐少许

做法

❶ 将鲫鱼剖洗干净，去内脏，去鳃；冬瓜皮、薏米分别洗净，冬瓜皮切小块。

❷ 将鲫鱼、冬瓜皮、薏米、生姜片均放进汤锅内，加适量清水，盖上锅盖。

❸ 用中火烧开，转小火再煲 1 小时，加盐调味即可。

清热解毒、利水消肿

补益肝肾、利尿消肿

姜丝鲈鱼汤

材料

生姜 10 克，鲈鱼 1 条，盐 5 克，葱段适量

做法

❶ 鲈鱼去鳞、鳃，去内脏，洗净，切成段。

❷ 生姜洗净，切丝。

❸ 锅中加水 1200 毫升煮沸，将鱼块、生姜丝、葱段放入煮沸，转中火煮 3 分钟，待鱼肉熟嫩，加盐调味即可。

车前子田螺汤

材料

车前子 10 克，田螺（连壳）200 克，红枣 10 颗，盐适量

做法

❶ 先用清水浸养田螺 1 ~ 2 天，经常换水以漂去污泥，洗净，钳去尾部。

❷ 车前子、红枣均洗净，用纱布包好车前子。

❸ 把田螺、布包、红枣放入开水锅内，大火煮沸，改小火煲 2 小时，调入盐，拣去布包即可。

利水通淋、清热利湿

杜仲鹌鹑汤

材料

杜仲 50 克，鹌鹑 1 只，山药 100 克，枸杞子 25 克，红枣 7 颗，生姜 5 片，盐 5 克，味精 2 克

做法

1. 鹌鹑洗净去内脏，剁成块。
2. 杜仲、枸杞子、山药、红枣、生姜洗净，山药去皮，切块。
3. 把以上材料放入锅内，加清水适量，大火煮滚后，改小火煲 3 小时，再调入盐、味精即可。

小贴士

本品可补益肾气、益气补虚，对肾气虚型子宫下垂的患者有食疗作用。鹌鹑肉营养丰富，具有补虚、益气的功效，用鹌鹑炖汤，对治疗肾虚病症很有帮助。

赤小豆冬瓜排骨汤

材料

赤小豆 20 克，冬瓜 120 克，排骨 200 克，盐 5 克，葱花、生姜片各 2 克

做法

1. 将排骨洗净、切块、汆烫；冬瓜去皮、洗净、切块；赤小豆洗净浸泡备用。
2. 锅上火倒入水，下入排骨、冬瓜块、赤小豆烧开，调入盐、葱花、生姜片，煲至熟即可。

小贴士

本品具有清热祛湿、利尿通淋的功效，可用于湿热蕴结型慢性前列腺炎。冬瓜性寒，瓜肉及瓤有利尿、清热、化痰、解渴等功效。冬瓜也可用于治疗浮肿、痰喘、暑热烦渴、痔疮等症。冬瓜带皮煮汤喝，可达到消肿利尿、清热解暑作用。

生地黄炖猪骨

材料

生地黄 30 克，猪骨 250 克，生姜 3 片，盐 2 克，味精 1 克

做法

1. 猪骨洗净，斩成块；生地黄洗净；生姜去皮，洗净后切成片。
2. 将猪骨放入炒锅中炒至断生，捞出备用。
3. 取一炖盅，放入猪骨、生地黄、生姜和适量清水，隔水炖 1 小时，最后加盐、味精调味即可。

小贴士

本品具有滋阴生津、滋补肾精的功效，适合肾阴虚型慢性肾炎患者食用。生地黄具有凉血、益阴、生津之功效，对泌尿系统疾病也具有很好的调节作用。

螺肉煲西葫芦

材料

田螺肉 150 克，西葫芦 100 克，高汤适量，盐、枸杞子各少许

做法

1. 将田螺肉洗净；西葫芦洗净去皮，切方块备用。
2. 净锅上火倒入高汤，下入西葫芦、田螺肉、枸杞子、盐，煲至熟即可。

小贴士

本品具有滋阴解渴、利尿通淋、清热消肿的功效，适合阴虚火旺型慢性肾炎患者食用。西葫芦和螺肉都具有清热利尿、消肿散结等疗效，对肾炎性水肿、肝硬化腹水等症具有很好的辅助治疗作用。

螺片玉米须黄瓜汤

材料

海螺 2 个，玉米须 30 克，黄瓜 100 克，食用油 10 毫升，葱段 3 克，生姜 5 片，鸡精 1 克，香油 2 毫升，盐、枸杞子各少许

做法

❶ 将海螺去壳洗净，切成大片；玉米须洗净；黄瓜洗净切丝备用。

❷ 炒锅上火倒入食用油，将葱段、生姜片炝香，倒入水，下入黄瓜丝、玉米须、枸杞子、螺片，调入盐、鸡精烧沸，淋入香油即可。

小贴士

　　本品可清热利尿、滋阴生津，适合阴虚火旺型慢性肾炎患者食用。玉米须泡水具有利尿、消肿的功效，可辅助治疗肾炎性水肿。

车前草煲猪腰汤

材料

鲜车前草 40 克，猪腰 140 克，木瓜 50 克，生姜 3 克，盐适量

做法

❶ 木瓜洗净，去皮切块；鲜车前草洗净，去除根须。

❷ 猪腰洗净后剖开，剔除中间的白色筋膜；生姜洗净，去皮切片。

❸ 将木瓜、车前草、猪腰、生姜片一同放入砂锅内，加适量清水，大火煲沸后改小火煲煮 2 小时。

❹ 加入盐调味即可。

小贴士

　　本品可清热利水、利尿通淋、补肾益气，适用于湿热蕴结型尿路结石、慢性前列腺炎。猪腰具有补肾气、通膀胱的功效。

六味地黄鸡汤

材料

茯苓、泽泻各 20 克，山茱萸、山药、牡丹皮各 10 克，熟地黄 30 克，鸡腿 150 克，红枣 8 颗，盐适量

做法

❶ 鸡腿剁块，放入沸水中汆烫，捞出洗净。

❷ 将鸡腿和熟地黄、茯苓、泽泻、山茱萸、牡丹皮、山药、红枣一起放入炖锅，加 1200 毫升水以大火煮开。

❸ 转小火慢炖 30 分钟，调入盐即成。

小贴士

　　本品能滋阴养血、滋补肝肾、利尿消肿，适合肝肾阴虚型慢性肾炎患者食用。熟地黄具有补血滋阴、益精填髓的功效，主治肝肾阴虚所致的腰膝酸软、头晕耳鸣等症。

红豆黑米猪腰粥

材料

红豆 30 克，黑米 50 克，猪腰、盐、葱花各适量，花生仁 10 克

做法

❶ 花生仁洗净泡发；黑米、红豆洗净后泡发 1 小时；猪腰洗净，切成腰花。

❷ 将泡好的黑米、红豆入锅，加水煮沸，下入花生仁、腰花，中火熬煮半小时。

❸ 等黑米、红豆煮至开花，调入盐调味，撒上葱花即可。

小贴士

　　本粥品具有滋阴养血、补益肾气、补益肝肾的作用，适合肝肾阴虚的慢性肾炎患者食用。猪腰有补肾气、通膀胱的作用，用它煮粥食用有很好的保健作用。

双色蛤蜊

材料

白萝卜球、胡萝卜球各 30 克，蛤蜊 100 克，芹菜末 10 克，肉苁蓉 3 克，当归 15 克，淀粉 5 克

做法

❶ 蛤蜊洗净，放入蒸笼蒸熟，取出蛤蜊肉、汤汁；肉苁蓉、当归煎取药汁备用。

❷ 将胡萝卜球、白萝卜球入锅，加水焖煮 20 分钟，加入淀粉勾芡，放入蛤蜊肉汁、蛤蜊肉及芹菜末、药汁拌匀即可。

小贴士

　　本品具有滋阴生津、利尿通淋的功效。白萝卜可辅助治疗各种泌尿系结石、排尿不畅等症；蛤蜊性寒味咸，故能润五脏、止消渴，对小便不利颇有疗效。

黄柏油菜排骨汤

材料

黄柏 15 克，油菜 200 克，排骨 200 克，盐适量

做法

❶ 油菜洗净；黄柏洗净，备用。

❷ 排骨洗净，切成小块，用盐腌 2 小时。

❸ 锅上火，注适量清水，放入排骨、黄柏和油菜一起煲 3 小时即可。

小贴士

　　本品具有清热、燥湿、凉血、解毒的功效，适合湿热下注型盆腔炎患者食用。

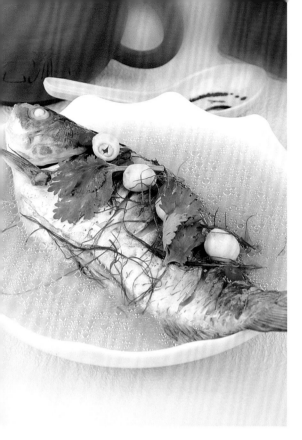

玉米须鲫鱼煲

材料

玉米须、莲子各 5 克，鲫鱼 1 条，香菜、生姜片各 5 克，盐、味精、食用油、枸杞子各少许

做法

❶ 将鲫鱼处理干净，在鱼身上打上几刀；玉米须洗净；莲子、香菜洗净备用。

❷ 锅中倒油，放生姜片，下入鲫鱼略煎。

❸ 倒入水，加入玉米须、莲子，煲至熟，调入盐、味精，加入枸杞子和香菜即可。

小贴士

　　本品具有健脾益气、利水消肿的功效，适合脾虚湿盛型小便不利、水肿患者食用。玉米须具有利尿通淋的功效，可祛除湿热，还能利尿排石。

冬瓜茯苓鲤鱼汤

材料

冬瓜 100 克，茯苓 25 克，鲤鱼 100 克，干姜 30 克，红枣（去核）10 颗，枸杞子 15 克，盐 2 克

做法

❶ 茯苓、红枣分别洗净，放入锅中。

❷ 鲤鱼洗净，去骨、刺，取鱼肉切片。

❸ 冬瓜去皮切块，和干姜、鱼骨一起放入锅中，加入水，用小火煮至冬瓜熟透，放入鱼片煮沸，加盐调味即可。

小贴士

　　本品有清热、健脾、渗湿的功效，适合小便不利的患者食用。冬瓜有清热、消痰、利水、消肿的作用；鲤鱼有利水消肿、健脾益气的功效。

核桃乌鸡粥

材料

核桃 30 克，乌鸡肉 50 克，大米 50 克，枸杞子 30 克，生姜末 5 克，清汤 150 毫升，盐 3 克，葱花 4 克，食用油适量

做法

❶ 核桃去壳取仁；大米淘净；枸杞子洗净；乌鸡肉洗净切块。

❷ 油锅烧热，爆香生姜末，下入乌鸡肉过油。

❸ 倒入清汤，放入大米烧沸，下核桃仁和枸杞子熬煮成粥.

❹ 调入盐，撒上葱花即可。

小贴士

本品具有益气补虚、补益肾气的功效，适合肾气虚型的慢性肾炎患者食用。乌鸡具有滋阴、养血、补虚的作用，特别适合肾虚患者食用。

双豆双米粥

材料

赤小豆 30 克，豌豆、胡萝卜各 20 克，玉米粒 20 克，大米 80 克，砂糖 5 克

做法

❶ 大米、赤小豆均泡发洗净；玉米粒、豌豆均洗净；胡萝卜洗净，切丁。

❷ 锅置火上，倒入清水，放入大米与赤小豆，以大火煮开。

❸ 加入玉米粒、豌豆、胡萝卜同煮至浓稠状，调入砂糖即可。

小贴士

本品具有清热祛湿、利尿排脓的功效，适合湿热蕴结型的盆腔炎患者食用。赤小豆具有利尿、消肿的功效，同时还可以调节血压、降低血糖。

通草海金沙茶

材料
通草、车前子、海金沙、玉米须各 10 克，砂糖 15 克

做法
❶ 将海金沙用布包扎好，与洗净的通草、车前子、玉米须一起盛入锅中，加 500 毫升水煮茶。
❷ 大火煮开后，转小火续煮 15 分钟。
❸ 最后加入砂糖即成。

小贴士
　　本品具有清湿热、利小便、排结石的功效，对湿热下注型尿路结石患者有很好的食疗作用。玉米须具有利尿祛湿的功效，用玉米须泡水，可以起到很好的辅助治疗作用。

马蹄白茅根茶

材料
鲜马蹄、鲜白茅根各 100 克，砂糖少许

做法
❶ 将鲜马蹄去皮与鲜白茅根一起洗净，切碎。
❷ 马蹄、白茅根放入沸水中煮 20 分钟左右，去渣留汁。
❸ 加适量砂糖即可。

小贴士
　　本品具有清热生津、凉血止血、利尿通淋的功效，可用于湿热蕴结型肾结石、尿路结石等症的辅助治疗。白茅根具有凉血止血、清热利尿、清肺胃热的功效，用白茅根泡水饮用对小便不利患者具有很好的辅助治疗作用。

西红柿西瓜芹菜汁

材料

西红柿 100 克，西瓜 200 克，芹菜 50 克

做法

❶ 将西红柿洗净，去皮并切块；西瓜洗净去皮，切成薄片；芹菜撕去老梗，洗净切成小块。

❷ 将所有材料放入榨汁机中，一起搅打成汁，滤出果肉即可。

小贴士

　　本品可清热解暑、利尿通便，适合湿热蕴结型慢性前列腺患者饮用。西瓜有清热解暑、生津止渴、利尿除烦的功效，有助于治疗小便不利、口鼻生疮、暑热烦渴、中暑等症。

马齿苋荠菜祛湿汁

材料

鲜马齿苋、鲜荠菜各 500 克，益母草 15 克，冰糖适量

做法

❶ 将马齿苋、荠菜洗净，切碎，放入榨汁机中榨成汁。

❷ 把马齿苋、荠菜渣用适量温开水浸泡，重复绞榨取汁，合并 2 次汁液，用纱布过滤备用。

❸ 把滤后的汁液倒在锅里，加入益母草，小火煮沸，加入冰糖即可。

小贴士

　　本品可清热解毒、利湿消肿、活血化淤，对湿热淤结型慢性盆腔炎有很好的食疗作用。马齿苋有清热利湿、解毒消肿、消炎、止渴、利尿的作用，对此病症疗效尤佳。

金钱草茶

材料

金钱草 20 克，红花 3 克，蜂蜜适量

做法

❶ 将金钱草、红花洗净备用。

❷ 锅内加入清水适量，放入金钱草、红花，以大火煮开后小火煮 5 分钟即可。

❸ 倒出药茶，待稍凉后加入蜂蜜调匀，即可饮用。

小贴士

　　本品具有清热利尿、活血化淤的功效，非常适合气滞血淤型尿路结石的患者饮用。金钱草有利胆、利尿、排石的作用，金钱草中的多糖成分对尿路结石的主要成分草酸钙的结晶有抑制作用。用金钱草泡水喝，具有很好的辅助治疗作用。

三金茶

材料

鸡内金 10 克，金钱草 20 克，海金沙 25 克，冰糖 10 克

做法

❶ 将海金沙用布包扎好，与鸡内金、金钱草一起放入锅中，加水 500 毫升。

❷ 以大火煮沸后，再转小火煮 10 分钟左右，加入冰糖即可。

小贴士

　　本品具有清湿热、利小便、排结石的功效，对湿热蕴结型尿路结石患者有很好的食疗作用。海金沙具有清热、利尿、利湿的功效，还可用于治疗肝炎、肾性水肿、皮肤湿疹、水痘、尿血等症。

佛手胡萝卜马蹄汤

材料

佛手瓜 75 克，胡萝卜 100 克，马蹄 35 克，食用油、生姜末、香油各适量，盐 2 克，味精 1 克

做法

❶ 将胡萝卜、佛手瓜、马蹄处理干净，切丝。

❷ 净锅上火，倒入食用油，将生姜末爆香。

❸ 下胡萝卜丝、佛手瓜丝、马蹄丝煸炒，调入盐、味精烧开，淋入香油即可。

小贴士

　　本品可行气解郁、清热利湿，适用于湿热蕴结型慢性前列腺炎。马蹄性寒，具有清热解毒、凉血生津、利尿通淋的作用。

龟肉鱼鳔汤

材料

龟肉 150 克，鱼鳔 30 克，盐、味精各适量

做法

❶ 将龟肉洗干净，切成小块。

❷ 鱼鳔洗去腥味，切碎。

❸ 将龟肉、鱼鳔同入砂锅，加适量水，大火烧沸后，改小火慢炖，待肉熟后，加入盐、味精调味即可。

小贴士

　　本品具有滋阴清热、补肾益精等功效。鱼鳔具有止血、散淤、消肿之功效；龟肉则可滋阴、凉血，二者搭配，对血热型慢性盆腔炎疗效尤佳。

韭菜虾仁粥

材料

韭菜 50 克，虾仁 50 克，大米 100 克，鸡汤 300 毫升，盐适量

做法

❶ 大米洗净，用清水浸泡 1 小时；韭菜洗净，切成段；虾仁去虾线，洗净，过沸水。

❷ 注水入锅，大火烧开，下大米煮至滚沸后，加入鸡汤转小火慢熬半小时。

❸ 半小时后，加入虾仁，同煮片刻，倒入韭菜段继续煮约 10 分钟，待所有食材都煮熟后，加入适量的盐，出锅即可。

小贴士

　　韭菜可提升阳气，虾仁有壮阳的功效，二者煮粥食用对温阳、增强体质很有帮助。

羊骨杜仲粥

材料

羊骨 250 克，杜仲 60 克，大米 80 克，料酒、生抽、盐、葱白、姜末、葱花各适量

做法

❶ 大米洗净泡发加水熬煮。

❷ 杜仲洗净煮后取汁，羊骨用料酒、生抽腌制后切好一起加入粥中。

❸ 加入盐、葱白、葱花、姜末煮沸，盛碗即可。

小贴士

　　杜仲富含木脂素、维生素 C、杜仲胶等，可用于肾虚腰痛、筋骨无力、妊娠漏血、胎动不安、高血压等症。羊骨有补肾、益气、强壮骨骼等效用。

葡萄枸杞子豆浆

材料

葡萄 80 克,枸杞子 20 克,黑芝麻 30 克,黄豆 80 克

做法

1. 将黄豆在清水中浸泡 6 小时;枸杞子和葡萄洗干净,葡萄去皮去籽。
2. 把黄豆、枸杞子、葡萄、黑芝麻放入豆浆机,加入适量清水,按下对应的功能键。
3. 豆浆机提示豆浆做好后,即可饮用。

小贴士

枸杞子中含有多种营养成分,有降低血糖、养肝、滋肾、润肺等多重功效,对于肝肾亏损、腰膝酸软、目视不清、身体虚弱等症状有很好的疗效。

小米枸杞子豆浆

材料

小米 20 克,枸杞子 10 克,黄豆 50 克

做法

1. 将黄豆提前 8 小时浸泡好。
2. 将枸杞子、小米洗净,和黄豆一起放入豆浆机内。
3. 加适量清水,选择相关功能键,开机搅拌,煮熟后即可饮用。

小贴士

小米中除了含有稻、麦中的营养物质外,还含有胡萝卜素,有益肾、祛热、解毒的功效。对脾胃虚热、泄泻、呕吐等病症有很好的疗效。在北方,有些女性坐月子时常用小米滋补身体。